北大社·"十四五"普通高等教育本科规划教材
高等院校电子信息类专业"互联网+"创新规划教材

C 语言程序设计

——面向创新创业实践项目

主　编　郝洁　李妍

内 容 简 介

本书以服务国家创新驱动发展战略为导向，立足新工科人才培养需求，构建"基础编程＋项目实践"双主线培养体系。其中，前 8 章系统地讲解了 C 语言核心知识，涵盖数据类型、控制结构、函数、数组、指针及算法设计等编程基础知识；第 9 章聚焦创新创业流程实践，通过真实项目案例完整展现需求分析、系统设计与开发流程，形成语法掌握→算法设计→工程实践的能力进阶链。

本书融入软件工程方法论与科技伦理教育，配有微课、在线评测等资源，以培养兼具扎实编程能力和创新工程思维的应用型人才。本书创新性地深度融合传统 C 语言教学与双创教育，精选物联网、智能硬件等新兴领域的实践案例，提供覆盖基础实验、模块开发和项目孵化三阶训练体系。其"案例贯穿＋工程驱动"的特色设计可以有效衔接编程基础与产业需求，为培养符合"互联网＋"时代的复合型人才提供系统化解决方案。

本书既可作为电子信息类、人工智能类专业的核心课程教材，又可支撑新工科交叉学科教学及创新创业项目指导。

图书在版编目（CIP）数据

C 语言程序设计：面向创新创业实践项目/郝洁，李妍主编. -- 北京：北京大学出版社，2025.7.
（高等院校电子信息类专业"互联网＋"创新规划教材）. -- ISBN 978－7－301－36476－5

Ⅰ.TP312.8

中国国家版本馆 CIP 数据核字第 20253KV665 号

书　　　　名	C 语言程序设计——面向创新创业实践项目 C YUYAN CHENGXU SHEJI——MIANXIANG CHUANGXIN CHUANGYE SHIJIAN XIANGMU
著作责任者	郝　洁　李　妍　主编
策 划 编 辑	童君鑫
责 任 编 辑	孙　丹
数 字 编 辑	蒙俞材
标 准 书 号	ISBN 978－7－301－36476－5
出 版 发 行	北京大学出版社
地　　　　址	北京市海淀区成府路 205 号　100871
网　　　　址	http://www.pup.cn　新浪微博：＠北京大学出版社
电 子 邮 箱	编辑部 pup6@pup.cn　总编室 zpup@pup.cn
电　　　　话	邮购部 010－62752015　发行部 010－62750672　编辑部 010－62750667
印 刷 者	河北文福旺印刷有限公司
经 销 者	新华书店
	787 毫米 ×1092 毫米　16 开本　13.75 印张　335 千字 2025 年 7 月第 1 版　2025 年 7 月第 1 次印刷
定　　　　价	49.00 元

未经许可，不得以任何方式复制或抄袭本书之部分或全部内容。
版权所有，侵权必究
举报电话：010－62752024　电子邮箱：fd@pup.cn
图书如有印装质量问题，请与出版部联系，电话：010－62756370

前　言

在全面建设社会主义现代化国家的伟大征程中，教育、科技、人才发挥着基础性、战略性的支撑作用。党的二十大报告中明确指出"坚持科技是第一生产力、人才是第一资源、创新是第一动力，深入实施科教兴国战略、人才强国战略、创新驱动发展战略"。这一重要论述为我们推动电子信息类教育改革、培养适应新时代需求的创新人才提供了根本遵循。习近平总书记多次强调"创新是引领发展的第一动力"，经常勉励广大青年要"怀爱国之心、立报国之志、增强国之能，把个人奋斗同国家前途命运紧紧联系在一起"。这些重要指示精神为我们编写这本面向创新创业的 C 语言教材指明了方向，注入了强大的思想动力。

为贯彻落实《中国教育现代化 2035》《教育强国建设规划纲要（2024—2035 年）》等相关政策文件精神，本书积极响应国家关于加快新工科建设、推动创新创业教育高质量发展的战略部署，致力于将 C 语言教学与国家创新发展需求紧密结合，助力培养具备扎实专业基础、创新意识和实践能力的应用型技术技能人才，为新发展阶段我国信息技术产业输送高质量后备力量。

在人工智能、物联网、边缘计算等技术蓬勃发展的今天，编程语言作为技术落地的核心工具，始终是连接创意与现实的桥梁。C 语言作为经典程序设计语言，一直活跃在操作系统、嵌入式系统、高性能计算等领域的前沿。本书将语法学习与硬件开发、数据处理、系统设计等真实场景结合，希望帮助读者突破"纸上谈兵"的局限，真正掌握用 C 语言解决实际问题的能力，并为未来的技术创新打下坚实的基础。

C 语言常被称为"接近硬件的语言"，因其具有高效性、灵活性和对底层资源的控制能力而在物联网设备、工业控制、高性能传感器等领域有不可替代的优势。然而，这种优势往往需要结合具体的应用场景。传统教材往往停留在语法教学和算法练习层面，忽略了 C 语言在解决复杂工程问题、驱动硬件设备、构建产品原型中的实际价值。

本书编写遵循以下原则。

（1）问题导向。摒弃单纯的知识点堆砌，所有章节均围绕实际需求展开，例如学习指针时结合传感器数据的内存管理问题，通过"原理—实现—应用"链条，让读者明白每个知识点背后的意义和应用场景。

（2）软硬结合。传统 C 语言教学常局限于计算机终端，而本书引入硬件平台，例如通过传感器采集数据等案例，让读者初步认识 C 语言如何与真实硬件设备产生联系，理解 C 语言程序代码与物理世界的交互逻辑。

（3）工程思维贯穿全书。编程不仅包括写代码，还包括工程化的系统设计。本书强调模块化开发，培养读者从"程序员"到"工程师"的思维跃迁。

（4）创新创业项目初试。技术创业的难点往往不是技术本身，而是将技术转化为可落地的产品。本书在项目案例中融入用户需求分析、原型设计等内容，帮助读者体验科技创新和技术创业的过程。

本书内容全面、条理清晰，共有 9 章。第 1 章详细讲述了程序设计的基本概念，并系统地介绍了 C 语言程序的基本结构；第 2 章聚焦 C 语言中的数据类型与运算符；第 3 章深入探讨了 C 语言的基本控制结构；第 4 章系统论述了函数的概念、定义、调用及参数传递方式；第 5 章详细阐述了数组的概念、特性及内存管理的方法；第 6 章全面介绍了指针的概念、定义、运算及应用场景；第 7 章详细阐述了结构体、枚举类型与共用体的概念及使用；第 8 章重点讨论了算法的概念、特性及分析方法；第 9 章结合创新创业项目的实际需求，详细介绍了项目的选择与规划、需求分析与系统设计等关键环节，并通过具体案例实践展示了项目设计的全过程。

本书由西北民族大学郝洁、李妍任主编。其中，郝洁编写了第 1、2、3、4、5、6、9 章，李妍编写了第 7、8 章，刘勇、李高云、杨雪松也参与了编写工作。编者在编写本书的过程中参考了部分同类教材，在此向其作者表示感谢。

限于学识和经验，本书疏漏之处在所难免，恳请读者批评指正，反馈意见和建议请发送至邮箱 haojie@xbmu.edu.cn。

编　者

2025 年 3 月

【资源索引】

目　　录

第 1 章　绪论 ··· 1
1.1　人与机器的对话 ·· 1
1.2　C 语言简介 ·· 6
1.3　初见 C 语言程序 ··· 8
1.4　Visual Studio 开发环境的搭建和使用 ··· 15
1.5　C 语言的创新创业视角 ··· 21
1.6　习题与实训 ·· 22

第 2 章　C 语言的数据类型与程序逻辑 ·· 24
2.1　变量 ··· 24
2.2　基本数据类型 ··· 25
2.3　运算符与表达式 ·· 28
2.4　习题与实训 ·· 36

第 3 章　C 语言的流程控制与逻辑建模 ·· 38
3.1　顺序结构 ··· 38
3.2　选择结构 ··· 44
3.3　循环结构 ··· 50
3.4　习题与实训 ·· 61

第 4 章　函数与模块化开发 ··· 64
4.1　函数的定义与函数原型的声明 ·· 64
4.2　函数的调用及参数传递 ··· 67
4.3　函数返回值 ·· 69
4.4　函数的嵌套调用与递归调用 ··· 71
4.5　标准库中的常用函数 ·· 75
4.6　变量的作用域 ··· 96
4.7　习题与实训 ·· 97

第 5 章　数组与内存管理 ··· 100
5.1　数组基础 ·· 100
5.2　数组的操作 ··· 108
5.3　数组与函数 ··· 119
5.4　动态数组与内存 ··· 121
5.5　习题与实训 ··· 127

第 6 章 指针 ······ 130

- 6.1 指针与指针变量 ······ 130
- 6.2 指针与数组 ······ 134
- 6.3 指针与函数 ······ 140
- 6.4 高级指针应用 ······ 142
- 6.5 指针安全 ······ 144
- 6.6 习题与实训 ······ 144

第 7 章 结构体与复杂数据结构 ······ 148

- 7.1 结构体的定义与结构体变量的引用 ······ 148
- 7.2 结构体数组 ······ 150
- 7.3 结构体与指针 ······ 151
- 7.4 链表结构 ······ 157
- 7.5 枚举类型 ······ 164
- 7.6 共用体的定义与引用 ······ 168
- 7.7 习题与实训 ······ 169

第 8 章 算法 ······ 174

- 8.1 算法概述与分类 ······ 174
- 8.2 算法的效率与复杂度分析 ······ 177
- 8.3 算法在实际编程中的应用 ······ 178
- 8.4 算法优化技巧 ······ 183
- 8.5 习题与实训 ······ 184

第 9 章 创新创业流程实践 ······ 186

- 9.1 项目的选择与规划 ······ 186
- 9.2 需求分析与系统设计 ······ 187
- 9.3 项目设计案例——企业人事管理系统 ······ 187
- 9.4 项目设计案例——个性化新闻推荐系统 ······ 198
- 9.5 项目设计案例——智能物联网设备管理系统 ······ 202
- 9.6 项目设计案例——智能交通流量预测系统 ······ 205

参考文献 ······ 207

附录一 ······ 208

附录二 AI 伴学内容及提示词 ······ 209

第 1 章 绪 论

1.1 人与机器的对话

1.1.1 计算工具的发展

计算工具是将"直观"变为"抽象"的手段,它的出现说明人类具备了认识世界的能力,而计算工具的演变体现了生产力的进步和发展。虽然人类已经习惯以计算机为计算工具,但是计算工具的发展经历了从简单到复杂、从低级到高级、从手动到自动的过程,并且快速发展。例如,人工智能、深度学习的背后是强大的计算工具的支撑。在电子计算机诞生之前,计算工具经历了算筹、算盘、齿轮式加减法器和乘法器、差分机以及分析机等阶段。那么,在电子计算机出现之前,古人是如何计算圆周率的?

魏晋时期的数学家刘徽利用割圆术从圆内接六边形开始,逐渐令边数加倍,以圆内接正 $3 \times 2n$(n 为从 1 开始的自然数)边形的周长为圆周长的近似值,再利用公式(圆周率 = 圆周长/直径)得到圆周率 π 的近似值。南北朝时期的杰出数学家、天文学家祖冲之在此基础上,计算出 π 的真值在 3.1415926 和 3.1415927 之间,相当于精确到小数点后 7 位,将 π 简化成 3.1415926。

随着人们对数学问题认知的进步,逐渐出现了级数概念。例如,以下三个公式均可以求解 π 的近似值。

$$\frac{\pi}{2} = \frac{2^2}{1 \times 3} \times \frac{4^2}{3 \times 5} \times \frac{6^2}{5 \times 7} \times \frac{8^2}{7 \times 9} \times \cdots \quad (1-1)$$

$$\frac{\pi}{4} = 1 - \frac{1}{3} + \frac{1}{5} - \frac{1}{7} + \frac{1}{9} - \frac{1}{11} + \cdots \quad (1-2)$$

$$\frac{\pi}{6} = \frac{1}{\sqrt{3}} \times \left(1 - \frac{1}{3 \times 3} + \frac{1}{3^2 \times 5} - \frac{1}{3^2 \times 7} + \cdots \right) \quad (1-3)$$

随后,世界各国科学家利用不同的公式,通过笔算的形式将 π 精确到小数点后 100 位。电子计算机的出现让 π 的计算精度提高到千位、万位、百万位直至万亿位。世界上第一台电子计算机(electronic numerical integrator and computer,ENIAC)在诞生之初就计算出 π 的小数点后 2037 位数,在数学界产生了极大的轰动。2022 年,谷歌(Google)公司利用其云计算平台将 π 精确到小数点后 100 万亿位,刷新了当时的世界纪录。可见,科技创新是推动人类社会发展的根本动力。

1.1.2 机器听懂人类语言

在日常生活中,人们主要通过自然语言交流和表达思想。当使用计算机解决实际问题时,人们需要使用一种计算机能够理解的语言,这类语言称为

【拓展视频】

程序设计语言。程序设计语言是人与计算机通信的语言，为使计算机进行不同的工作，需要有一种专门用来编写计算机程序的字符、数字和语法规则，这些规则构成了计算机的指令。程序设计语言分为机器语言、汇编语言和高级语言三种，这三种语言代表了计算机语言的三个发展阶段。

1. 机器语言

在电子计算机诞生后，为了实现计算的自动过渡，出现了程序的概念。电子计算机是通过执行布尔运算实现各种复杂运算的。因此，最早使计算机实现运算自动过渡的方式就是采用二值机器语言（值为 0 和 1）构成指令。常用的方法是在纸带上通过打孔的方式编写二进制语言，再通过打孔纸带（图 1-1）阅读机将编写的指令输入计算机，计算机将机器指令转换为对应的电平，从而控制各电子部件工作，完成预先设计的运算过程。

图 1-1　打孔纸带

由于机器语言的每个指令都可以直接控制计算机硬件的操作，因此机器语言十分灵活。机器语言程序可以直接在硬件上执行，无须任何转换或解释过程，因此其执行速度高、占用资源少。然而，机器语言存在一定的局限性，不同型号计算机的机器语言是不相通的，按照一种计算机的机器指令编制的程序不能直接在另一种计算机上执行。因此，机器语言的通用性较差，不便于跨平台编程。

使用机器语言编写程序对编程人员来说是一项极具挑战性的任务。首先，编程人员需要熟记计算机的全部指令代码及其含义，这要求编程人员具备深厚的计算机底层知识，能够深入理解计算机硬件的工作原理；其次，由于机器语言的直观性较差，编写的程序由大量的 0 和 1 指令代码组成，因此提高了编程的难度和出错的可能性。

在实际应用中，只有极少数计算机专业人员学习和使用机器语言。他们通常在执行底层系统开发、硬件驱动编写或性能优化等特定任务时使用机器语言。而大多数用户更倾向于选择更高级、更易用且易理解的编程语言，如汇编语言、高级语言等。这些语言提供了更丰富的功能、更简洁的语法和更友好的编程环境，能够更高效地开发应用软件或实现对硬件的控制。

2. 面向机器的程序设计语言——汇编语言

【拓展视频】

随着计算机硬件的不断发展，机器语言越来越复杂。机器语言过于复杂且难以记忆，为了提高计算机专业人员对机器语言的理解和编程效率，汇编语言应运而生。

汇编语言和机器语言的区别是指令的表示方式，汇编指令可以理解为机

器指令的助记符，它将二进制代码表示为特定符号，即将
机器语言符号化形成汇编语言。图1-2所示为机器语言与
汇编语言的区别。

汇编语言只需汇编器（将汇编语言翻译成机器语言的
程序）即可把汇编源代码转换成机器代码。与机器语言一
样，汇编语言也是直接对硬件操作的，因此被称为低级
语言。

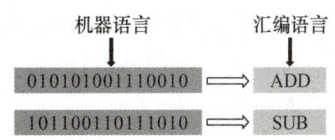

图1-2 机器语言与汇编语言的区别

汇编语言相对于高级编程语言来说，更接近计算机硬件的操作和控制，计算机专业人员可以更直接地访问和操作计算机的底层资源，如寄存器、存储器等。因此，使用汇编语言可以更精确地控制程序运行，并且在一些对性能要求非常高的场景下，用汇编语言编写的程序可以达到理论上的最高性能优化。虽然汇编语言具有较高的灵活性和效率，但是由于其与特定的计算机架构绑定，因此可移植性较差，编写和理解汇编语言的复杂度较高。

因为汇编语言与计算机的底层硬件结构紧密相关，需要深入了解计算机的工作原理和内存管理机制等基础知识，只有掌握这些知识才能编写高质量的汇编代码，所以使用汇编语言编程同样要求具备扎实的计算机知识。然而，尽管汇编语言存在一些不足，但在某些特定场景下，它仍然具有不可替代的作用。例如，在嵌入式系统、操作系统或硬件驱动等底层开发中，汇编语言能够实现对硬件的精确控制，从而发挥其独特的优势。

由于不同的处理器具有不同的指令系统，因此不同硬件的汇编语言有所差异。采用汇编语言进行程序设计时，针对某特定的处理器，还需要了解相关硬件系统的结构和工作原理；而且基于不同硬件平台的汇编指令（如电子计算机、微处理器、微控制器等）不能相互移植。

3. 高级语言

随着计算机技术的进一步发展，人们对编程语言的易用性和通用性提出更高要求。

为了进一步提高编程效率和降低编程难度，高级语言随着技术的进步而诞生。高级语言与自然语言较接近，采用类似于人类语言的语法和词汇，使得编程更直观、更易学习。高级语言极大地提高了编程效率，高级语言的一个命令可以代替几条、几十条甚至几百条汇编语言的指令；同时提高了程序的可读性和可维护性，应用广泛。高级语言的种类繁多（如Python、Java、C和C++等），这些语言各具特点，适用于不同的应用场景和领域。例如，Python适用于Web开发、网络爬虫和计算与数值分析，Java适用于跨平台的应用程序开发，C和C++广泛应用于系统级编程和嵌入式系统开发等。

2025年1月，在TIOBE排行榜排名前20的高级语言中，C语言位列第4。C语言诞生得较早，但目前仍应用较多，可见C语言在现代编程语言中具有举足轻重的地位。尽管高级语言具有不同的特点和应用范围，但它们在表达和功能体现等方面具有共性（如数据类型、控制结构、函数和模块等基本编程元素）。因此，只要掌握一门程序设计语言就可以触类旁通，大幅度降低学习新语言的难度。

1.1.3 编程范式

编程范式代表对程序执行的看法和代码的组织方式。程序一般由算法和数据构成。算法是解决问题的方法和步骤。数据是算法处理的对象，算法通过对其施加操作，得到问题

的解决方案。纵观计算机的发展历史，算法和数据基本保持不变，发展和演化的是算法和数据的关系，即程序设计方法。常用的程序设计方法有结构化程序设计（面向过程）和面向对象程序设计。

1. 结构化程序设计（面向过程）

结构化程序设计是一个问题在功能驱动下的模块化实现，即基于功能分解的程序设计方法。一般采用自顶向下、逐步求精方法，先将一个复杂的系统功能逐步分解成许多简单的子功能，再分别对子功能编程。一个程序由若干子程序构成，每个子程序都对应一个子功能，实现对功能的抽象。结构化程序的执行过程体现为一系列子程序的调用。

可以用一个算式描述结构化程序的本质特征：程序 = 算法 + 数据结构。其中，算法是对数据加工步骤的描述，暂且理解为操作；数据结构是对算法加工的数据的描述。结构化程序设计的编程方法是将操作和数据分开，先设计算法，再考虑数据结构。在程序中，数据处于附属地位，它独立于子程序，在调用子程序时，数据作为参数被传递给子程序。

结构化的高级语言体现了解决问题的流程化思路。编程时，首先将整个问题分解为具有前后顺序的步骤，每个步骤都可能是一条语句或一个函数；然后通过分别实现和依次调用每个步骤，完成不同功能。因此，结构化编程语言的抽象性较低，算法结构清晰，便于理解。

C语言是结构化编程语言的代表。通常将C语言作为计算机编程的入门语言，使初学者能够理解计算机运行程序的基本原理。

2. 面向对象程序设计

二十世纪六七十年代出现软件危机，结构化程序设计越来越不能满足大型程序设计的要求，程序设计的焦点从结构化程序设计转向抽象数据类型程序设计，现在通常称为面向对象程序设计。

面向对象程序设计在描述问题时不必指明解决问题的顺序。但这只是一个相对概念，随着现代程序设计技术的不断优化，需要由用户手动提供的、关于解决问题步骤顺序的描述内容越来越精简。面向对象的高级语言代表有C++、Java等。它们把构成问题的事务分解成对象，对象是由一些数据及可施于这些数据的操作构成的封装体，对象的特征由相应的类描述，一个类可以从其他的类继承。建立对象的目的不是完成一个步骤，而是描述某个事物在解决问题过程中的行为。这种方式就是将软件集成化，类似于硬件的集成电路，设计并生产一些通用的、封装紧密的功能模块，称为软件集成块。软件集成块与具体的应用没有任何关系，但是可以通过组合实现特定的应用功能，并且可以反复利用。使用者只需关心其接口（输入量、输出量）以及实现的功能，而不用关心实现方法。

面向对象程序的执行过程体现为各对象相互发送和处理消息。面向对象程序可以理解为程序 = 对象/类 + 对象/类，其中对象/类 = 数据 + 操作。

下面以设计一个简单的五子棋游戏为例，理解结构化和面向对象两种编程范式。图1-3所示为五子棋游戏，界面由黑棋子、白棋子和棋盘组成。

图1-4和图1-5所示分别为结构化的五子棋游戏设计流程图和面向对象的五子棋游戏设计框图。

第1章 绪 论

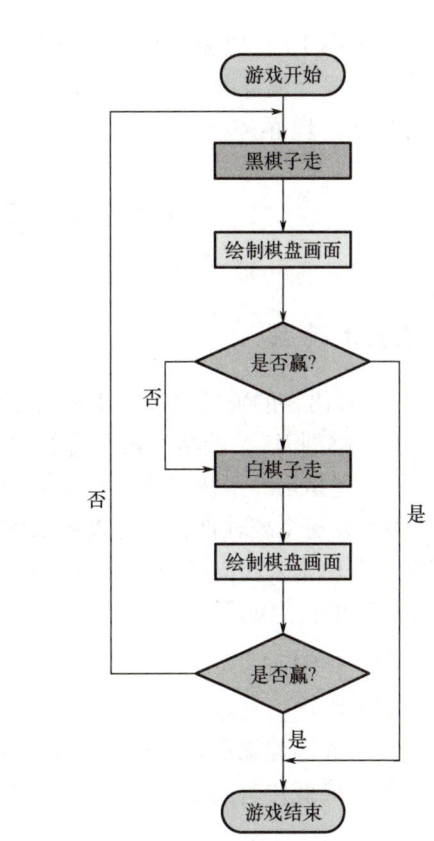

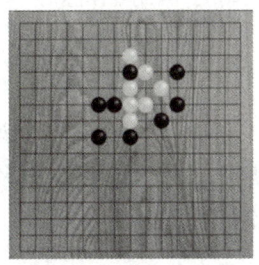

图1-3 五子棋游戏

图1-4 结构化的五子棋游戏设计流程图

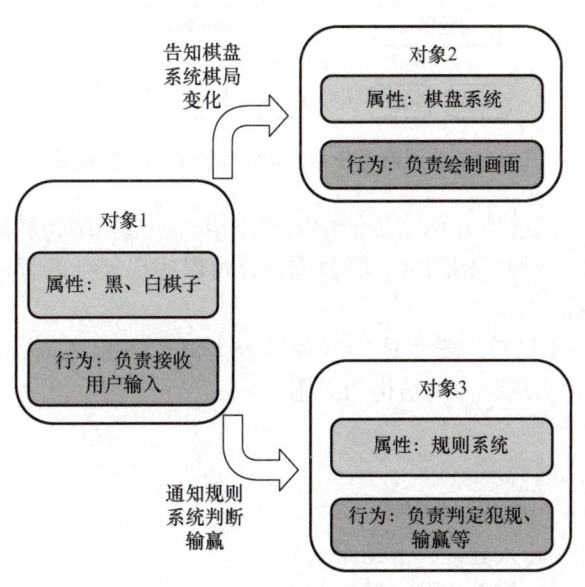

图1-5 面向对象的五子棋游戏设计框图

图1-4清楚地表示了结构化编程语言的执行步骤,按照一定的顺序执行这些步骤后

可以解决问题。但图 1-5 把整个问题抽象为多个对象，将对象或类作为代码组织的基本单元，然后为对象赋予属性和行为，让每个对象都通过程序实现自己的行为。可见，过程化的设计思想更便于理解。

1.2　C 语言简介

1.2.1　C 语言的特点

【拓展视频】

　　C 语言的独特之处在于具有汇编语言和高级语言的双重特性。它就像一把"解剖刀"，能精准揭示计算机系统的运行本质。它不仅是编程入门的工具，还是培养系统思维、工程能力和问题排查技能的核心载体。C 语言可以用来编写系统软件，也可以用来编写应用软件，这为其在编程领域的独特地位奠定了基础。即使未来转向其他语言或领域，C 语言训练出的底层视角也是开发者的核心竞争力。C 语言的特点如下。

1. 面向过程结构化

　　C 语言具有模块化、函数化的程序设计风格，强调将程序分解为多个功能模块或函数，每个功能模块或函数都负责完成特定的功能，如图 1-6 所示。将任务分解为多个功能模块或函数可以降低代码的复杂度，提高代码的可读性和可维护性。

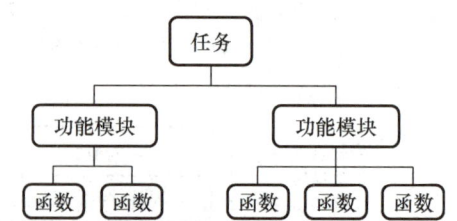

图 1-6　C 语言中任务、功能模块与函数的关系

　　实际上，我们可以理解为 C 语言语法中的顺序结构、选择结构和循环结构造就了其结构化编程语言的属性。三种结构结合、联合或融合可以实现复杂的程序逻辑，使程序的执行流程更清晰、更可控。

　　例 1.1　以设计一个简单的学生成绩管理系统为例，演示 C 语言结构化编程的特点，展示任务分解、模块化实现和控制结构的应用。

　　（1）任务分解。

　　顶层任务：学生成绩管理。

　　将任务分解为如下三个功能模块。

　　① 数据输入模块（输入验证、成绩录入）。

　　② 计算处理模块（计算平均分、等级判定）。

　　③ 结果输出模块（格式化显示）。

（2）模块化实现。
① 每个模块都由一个或多个函数组成。
② 函数功能较单一。
③ 函数之间通过参数传递数据。
（3）控制结构的应用。
① 顺序结构：主函数中按顺序调用多个功能模块。
② 选择结构：输入验证，等级判定。
③ 循环结构：处理多名学生的成绩，输入验证环节。

2. 高效性

C 语言的高效性体现在多个方面，包括编译和执行效率以及对计算机硬件的直接控制能力，因此其在系统编程和嵌入式开发中应用广泛。

首先，C 语言是一种静态编译型语言。静态性主要体现在数据类型一旦声明，在整个生命周期内就不能改变。C 语言代码在编译阶段被转换为机器码，直接由计算机硬件执行，无须解释器的解释，执行速度高。与动态编译型语言相比，C 语言的编译过程更高效、生成的机器码更紧凑、占用的系统资源更少，因而特别适用于对执行速度要求较高的应用场景，如图形处理、科学计算、游戏开发等。

其次，C 语言具有对计算机硬件的直接控制能力。C 语言提供了丰富的系统级编程接口和底层访问能力，程序员可以直接操作内存、寄存器、设备等硬件，精确控制计算机系统，因而其在开发操作系统、驱动程序、嵌入式系统等需要与硬件交互的领域表现出色。例如，开发人员可以使用 C 语言编写驱动程序控制硬件设备，提高系统性能和资源利用效率，从而提高系统的整体效率和响应速度。许多嵌入式系统和设备（如智能手机、汽车控制系统、工业自动化设备等）都是通过 C 语言开发的，这充分体现了 C 语言在高效性方面的优势和价值。

3. 可移植性

C 语言的可移植性得益于其标准化的语法和语义。C 语言的语法和语义由国际标准化组织（international organization for standardization, ISO）定义和规范，所有编译器都必须遵循这些规范。无论是在哪个平台上编写的 C 代码，只要符合 ISO 标准就可以在其他平台上编译和运行，基本不会受到平台差异的影响。标准化的语法和语义为 C 语言的可移植性奠定了基础，用户可以在不同的平台上使用相同的代码编写程序，提高了软件的开发效率和代码的可维护性。

C 语言提供了一些特定于平台的扩展和特性，用户可以对特定平台进行优化和调整。例如，C 语言提供与操作系统和硬件相关的头文件（如 windows.h，linux/fs.h 等），用户可以根据不同的平台选择不同的头文件实现特定的功能或适配特定的硬件设备。C 语言因具有灵活性和可定制性而在跨平台开发中具有更广的适用性，可以满足不同平台的特定要求。

4. 库函数丰富

C 语言提供丰富的标准库函数和系统调用，涵盖各种操作和功能，用户可以直接调用这些函数来实现所需功能，减少了开发时间和工作量。库函数和系统调用覆盖不同领域，包括输入输出、字符串处理、内存管理、文件操作、网络通信等,为编写 C 语言程序提供强大的工具和支持。

例 1.2 可以通过 C 语言中的库函数实现例 1.1 中的学生成绩管理系统,见表 1-1。

表 1-1 学生成绩管理系统使用的库函数示例

库函数头文件	使用场景	目标功能	对应的函数
stdio. h	数据、文件的格式化输入与输出	学生成绩的输入与输出	printf( )、scanf( )
string. h	字符串处理	学生姓名等信息的输入、复制、查找	gets( )、strcpy( )、strcmp( )
math. h	数学计算	学生成绩的波动程度(方差)、与平均值的差距(标准差)	pow( )、sqrt( )
stdlib. h	动态内存管理、排序	学生成绩排序	qsort( )

1.2.2 从 B 语言到 C 语言

1963 年,剑桥大学计算机实验室发展 ALGOL 60(algorithmic language 60)语言为组合编程语言(combined programming language,CPL)。1967 年,马丁·理查德简化了 CPL,产生 BCPL(basic combined programming language)。1970 年,贝尔实验室修改 BCPL 为 B 语言,并用其编写了首个 UNIX 系统。在 B 语言的基础上,贝尔实验室在 20 世纪 70 年代初期研制了 C 语言,并随着 UNIX 系统的广泛使用而推广。之后,C 语言得到多次改进和版本更新。1978 年,随着 *The C Programming Language* 一书的出版,C 语言成为世界上流传最广的高级程序设计语言。

早期的 C 语言主要用于 UNIX 系统,C 语言因具有强大功能而逐渐被人们认识。20 世纪 80 年代初,美国国家标准化协会(American National Standards Institute,ANSI)根据 C 语言问世以来不同版本的发展制定了 ANSIC 标准,C 语言也因此很快在计算机领域得到广泛应用。在计算机上广泛使用的 C 语言编译环境包括 Microsoft Visual C++(简称 VC++)、Visual Studio、GNU Compiler Collection(简称 GCC)、Dev C++等,其中大部分编译环境遵循现有的 ISO/IEC 9899:1999(C99)标准。

1.3 初见 C 语言程序

1.3.1 C 语言程序解构

【拓展视频】

虽然 C 语言具备高度灵活性,但编写程序时仍需严格遵循语法结构。C 语言程序主要包括以下组成部分。

1. 预处理指令

C 语言中的预处理指令以"#"开头,包含#include、#define、#if 等。下面重点介绍#include 和#define。

(1) #include（包含头文件指令）。通过#include 指令，可以使用标准库或其他库提供的函数原型和数据类型，而无须重新定义，从而达到模块化编程、避免重复定义以及方便代码维护和管理的效果。例如，若要在一个源文件中使用另一个文件中定义的函数，则可以使源文件包含该函数所在的头文件，在当前文件中调用该函数时不用重新定义。

通常在 C 语言程序中需要使用一些标准库函数，这些函数的声明保存在头文件中。例如输入/输出函数，由于 C 语言本身不包含输入/输出语句，在 C 语言程序设计中所有输入/输出操作都依赖库函数实现，因此#include ＜stdio.h＞是 C 语言中最常用的头文件指令。stdio.h 是标准输入/输出库的头文件，如果要使用例 1.2 中提到的 printf 函数、scanf 函数，就需要在程序中写明#include ＜stdio.h＞。

例1.3 定义整型变量 num，通过键盘给 num 赋值，并输出得到的值。

```
#include ＜stdio.h＞              //包含头文件 stdio.h
int main()                       //声明主函数
{
    int num;                     //定义整型变量 num
    printf("Enter a number:");   //屏幕显示提示语 Enter a number:
    scanf("%d",&num);            //从键盘输入值给 num,例如输入 5
    printf("You entered:%d\n",num); //输出 You entered:5
    return 0;                    //返回 0
}
```

在例 1.3 中，通过#include ＜stdio.h＞包含标准输入/输出库的头文件，在 main 函数中使用 printf( ) 和 scanf( ) 函数进行输入和输出操作。实际上，没有输出的程序都是没有意义的，因此所有程序都要有输出操作，无论程序的输出是什么形式的。

(2) #define（宏定义指令）。#define 指令用于定义符号常量，以简化代码。

例1.4 已知圆的半径为 5，求圆的周长。

```
#include ＜stdio.h＞
#define PI 3.14159265358
int main()
{
    int r=5;
    double c;
    c=2*PI*r;
    printf("The circumference of the circle is:%f\n",c);
    return 0;
}
```

在例 1.4 中，PI 为符号常量，也称"宏名"。#define 的作用是编程时可以用较简单的宏名代替宏名后的复杂字符串，从而简化代码。但在宏定义的代换中要注意原样代换。

例1.5 计算程序的输出值。

```
#include <stdio.h>
#define X 2+3
int main()
{
    int Y;
    Y = X*X;
    printf("The value of Y is:%d\n",Y);
    return 0;
}
```

在例1.5中，由于X表示2+3，因此求和的结果为5，变量Y的结果会被误认为5×5=25，实际上Y=2+3×2+3=11。

2. 函数定义

程序中的逻辑主体通过函数定义和实现，通常包括主函数main、库函数以及其他自定义函数。C语言程序由函数组成，有且只能有一个主函数，可以有一个或多个其他函数，也可以没有其他函数。在C语言程序中，无论main函数在程序中的什么位置都是从main函数开始执行的，也是从main函数结束的，因此main函数定义的位置可以是任意的。在C语言中，函数通常由函数首部（函数声明或函数原型）和函数体组成。例如，main函数的一般形式如下。

```
int main()
{
    函数体
}
```

函数首部一般包括函数的返回类型、函数名以及形参列表（有参函数），分别用于声明函数的存在和接收参数；函数体是函数的具体实现部分，包括函数的执行逻辑和算法，通常由一对大括号 {} 括起来。有参函数的定义格式如下。

```
返回类型 函数名(形参列表)
{
    声明部分:定义在函数体内部的变量
    语句部分:具体的执行逻辑和算法
}
```

例1.6 自定义一个函数，实现两个整数的求和。

```
int add(int a,int b)
{
    int result;
    result = a+b;
    return result;
}
```

在例1.6中，函数名为add，该函数返回值的类型为int型（整型），求和对象为变量a和b且都为int型。函数体以大括号开始和结束，大括号内有声明部分和语句部分，声明部分定义函数内部int型变量result，语句部分实现两个整数的求和运算以及求和值的返回。

3. 变量和数据类型

变量和数据类型在编程中是非常重要的概念。在C语言中，必须先定义再使用变量。变量的实质是内存单元的名称，其值可以在程序的执行过程中改变。定义变量时，必须指定变量的数据类型和名称。变量可以在定义时赋值，也可以通过输入函数赋值。

例如，定义一个整型变量

```
int year = 2025;
```

其中，int表示整型类型的变量；year是变量名称；"="是赋值操作符，用来将赋值号右侧的值赋给左侧的变量，此处"="右边是用于给变量赋值的常量2025，表示变量year的初值为2025。

数据类型规定了变量可以存储的数据形式和所占内存。不同的数据类型可以存储不同类型的数据。定义变量时，需要根据变量代表的取值选择合适的数据类型，操作系统会为变量分配相应的内存。正确选择变量的数据类型，可以提高程序的性能和准确性。

4. 语句和表达式

C语言程序执行一系列的语句和表达式。

（1）语句是C语言中的基本执行单位，表示一条可执行的操作或指令。

在程序中，语句按照顺序执行。一条语句可以是表达式、控制流程语句（如条件语句、循环语句）、函数调用等，通常以分号结尾。

例如：

```
int a = 10;                                    //赋值语句是一种语句
if(a > 10){                                    //条件语句是一种语句
    printf("a is greater than 10 \n");         //函数调用语句是一种语句
}
```

（2）表达式是由操作数和运算符组成的符合规则的组合，其求解结果是一个值。在C语言中，表达式可以包含算术运算、逻辑运算、关系运算等。表达式有返回值，可以作为赋值语句赋值号右侧的值，也可以作为函数的参数，甚至可以作为单独的语句。表达式不一定以分号结尾。

例如：

```
int a = 5;
int b = 3;
int result = a + b;        //表达式是a+b,将其结果赋给变量result
```

在C语言中，不以分号结尾的表达式通常出现在控制语句（如if、while、for）的条件部分。

例如，在 if 语句中的条件表达式。

```
if(x>5){
    //条件表达式 x>5 不需要以分号结尾
}
```

又如，在 while 循环中的条件表达式。

```
while(count<10){
    //循环条件表达式 count<10 不需要以分号结尾
}
```

5. 注释

注释是对代码的解释和说明，能提高程序代码的可读性和可维护性。在以上示例中，"//"后面的语句都是注释。由于程序设计语言的编译器在编译源代码时都会忽略注释部分，因此注释不会对程序运行产生影响。C 语言常用的注释放方式有单行注释和多行注释。

(1) 单行注释。单行注释以双斜线"//"开始，直到行尾结束。单行注释通常用于为代码的某行添加简短的说明或备注，以便阅读和理解代码。

(2) 多行注释。多行注释以斜线星号"/*"开始，以星号斜线"*/"结束，中间的内容都是注释。多行注释通常用于为一大段代码或多行代码注释，或者用于添加较长的说明和文档。

1.3.2 Hello World 的进化

学习一种编程语言通常从输出一个简单的"Hello World"程序开始。为更快地对 C 语言有一个简单的认识，例 1.7 为由语法到应用的 Hello World 程序示例。

例 1.7 在终端显示 Hello World。

(1) 基础语法启蒙级别。

```
#include <stdio.h>
int main()
{
    printf("Hello World");
    return 0;
}
```

(2) 函数封装级别。

```
#include <stdio.h>
void print_message()    /*定义 print_message 函数,该函数为无参函数,功能是输出 Hello
                         World*/
```

```
{printf("Hello World");}
    int main()
{
    print_message(); //调用 print_message 函数
    return 0;
}
```

函数封装思想初步实现了模块化的编程范式,将主函数与功能函数分开,通过主函数调用功能函数,从而实现输出"Hello World"。

(3) 模块化编程级别。

```
文件 hello.h
#ifndef HELLO_H /*#ifndef 的功能是检查指定的宏(此处是 HELLO_H)是否未被定义,若未被定义则执行下一跳指令*/
#define HELLO_H
void print_hello();//函数声明
#endif //与#ifndef 配对使用,结束由#ifndef 开始的代码块
文件 hello.c
#include "hello.h"/*头文件用尖括号<>和双引号""的区别主要体现在头文件搜索路径的顺序上,尖括号<>一般用于标准库或第三方库,双引号""用于自定义头文件或项目内部文件*/
#include <stdio.h>
void print_hello()
{
    printf("Hello World");
}
文件 main.c
#include "hello.h"
int main(){
    print_hello();
    return 0;
}
```

通过头文件 hello.h 声明 void print_hello 函数的原型,在其他文件中使用此函数时,编译器能知道函数的参数与返回值类型。hello.c 和 main.c 是两个 C 语言源文件,将不同功能模块的函数分别放在不同源文件中,可以使代码结构更清晰,提高代码的可复用性和可维护性,同时提高编译效率。

(4) 配置驱动级别。

```
#include <stdio.h>
#define MESSAGE "Hello World"//宏定义#define 常用于静态配置驱动程序的行为
#define TIMES 3
int main()
```

```
    {
    int i;
    for(i=0;i<TIMES;i++)//for 语句实现循环,执行 3 次循环体语句
    {
    printf("%s\n",MESSAGE);//循环体语句,输出 MESSAGE 代表的字符串 Hello World
    }
    return 0;}
```

通过宏定义,用户可以在不修改核心代码逻辑的前提下动态控制驱动程序,使其适应不同的硬件、场景或需求。该程序分 3 行输出 3 次"Hello World"。

(5) 动态加载级别。

```
#include <stdio.h>
#include <stdlib.h>
int main()
{
    FILE *fp=fopen("config.txt","r");/*定义指向 FILE 类型对象的指针 fp,用于操作文件,同时调用 fopen 函数以只读模式("r")打开名为 config.txt 的文件*/
    char buffer[100];/*定义字符数组 buffer,大小为 100 个字符,用于存储从文件中读取的内容*/
    fgets(buffer,sizeof(buffer),fp);/*调用 fgets 函数从文件指针 fp 指向的文件中读取第一行内容(Hello World),然后将其存储到 buffer 数组*/
    fclose(fp);//调用 fclose 函数关闭文件指针 fp 指向的文件
    printf("%s",buffer);//输出 buffer 数组中的内容 Hello World
    return 0;
}
```

该程序能够打开当前目录下的 config.txt 文件,读取其第 1 行内容,并输出到控制台。文件 I/O 操作、缓冲区安全控制以及运行时的资源管理等适用于需要读取文本文件内容的场景,如配置管理、日志分析等。

(6) 多语言支持级别。

```
#include <stdio.h>
#include <locale.h>/*locale 库包含一些函数和宏,用于设置不同地区的文化、语言和字符编码等*/
int main()
{
    setlocale(LC_ALL,"");
    printf("\u4F60\u597D\u4E16\u754C");//Unicode 中文输出
    return 0;
}
```

"\u4F60\u597D\u4E16\u754C"是一个字符串常量。其中，\u 是 C 语言中用于表示 Unicode 编码字符的转义序列；\u4F60 代表中文字符"你"；\u597D 代表中文字符"好"；\u4E16 代表中文字符"世"；\u754C 代表中文字符"界"。所以，该程序输出中文字符"你好世界"。

（7）图形界面级别。

```
#include <stdio.h>
#define RED "\x1B[31m" /*\x1B 是转义字符,代表 ASCII 码中十进制值为 27 的字符(ESC 字符);[31m 是 ANSI 转义序列,用于将文本颜色设置为红色*/
#define RESET "\x1B[0m" //[0m 是 ANSI 转义序列,用于将文本样式恢复默认状态
int main()
{
    printf(RED "Hello World" RESET "\n");
    return 0;
}
```

在终端环境中，可以借助 ANSI 转义序列设置文本样式和文本颜色、控制日志与输出调试信息、实现光标控制以及创建交互式命令行界面。该程序输出红色字体"Hello World"。

此外，还可以将输出"Hello World"的程序进化为网络级别的服务器版本。总之，C 语言凭借底层控制、高效执行和跨平台能力成为系统级编程和高性能应用的基石。从简单的"Hello World"程序到复杂的工程场景实践，C 语言贯穿计算机技术应用的各层面。尽管高级语言（如 Python、Java）的开发效率更高，但在对性能、资源控制或硬件交互要求苛刻的场景中，C 语言是不可替代的。

1.4 Visual Studio 开发环境的搭建和使用

搭建 C 语言开发环境主要用于编写、编译和运行 C 语言程序，其与 C 语言程序的运行流程密切相关。C 语言程序的运行流程如图 1-7 所示。

从编译到运行 C 语言程序的步骤如下。

（1）使用文本编辑器或集成开发环境（integrated development environment，IDE）编写 C 语言程序，将程序代码保存为扩展名为.c 的源文件。

（2）在编译前，编译器对源代码进行预处理。预处理器处理宏展开、条件编译等预处理指令，生成经过预处理的代码。编译器检查语法和语义错误，如果源程序存在语法错误就要根据错误提示信息查找并修正错误，然后重新编译，直到没有语法错误，生成相应的汇编代码。汇编器将汇编代码转换为目标机器可以执行的机器代码，生成目标文件。在 Windows 系统中，编译后生成的文件的扩展名是.obj。

【拓展视频】

（3）链接器将目标文件与所需库文件或其他目标程序链接，生成可执行文件。链接过程包括符号解析、地址和空间分配等，确保各源文件之间的正确通信和协调工作。最终生

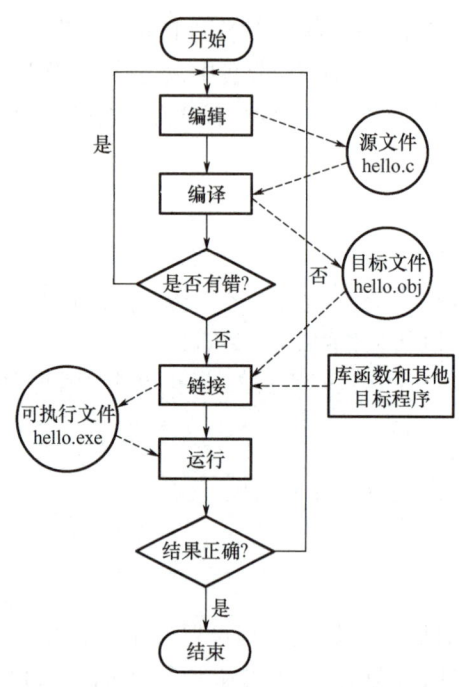

图1-7　C语言程序的运行流程

成的可执行文件能够被操作系统加载并运行。在运行过程中，它会按照程序预先设计的功能逻辑逐步执行操作，最终将处理结果输出到指定位置（如屏幕、文件等）。在 Windows 系统中，链接后生成的文件的扩展名是 .exe。

【拓展视频】

Visual Studio 是微软公司推出的一款功能强大的集成开发环境，支持 C 语言开发。Visual Studio 提供一个完整的开发环境，适合初学者和专业开发者。

步骤1：下载并安装 Visual Studio。

选择适合的 Visual Studio 版本（如 Visual Studio Community）并下载。在安装界面的"工作负荷"选项卡下勾选"使用 C++的桌面开发"复选框，如图1-8所示，单击"安装"按钮。

步骤2：创建 C 语言项目。

在 Visual Studio 界面单击"创建新项目"按钮，弹出"创建新项目"窗口。在"所有语言"下拉列表框中选择"C++"选项，如图1-9所示选择"空项目"，单击"下一步"按钮。输入项目名称和项目位置，然后单击"创建"按钮。

步骤3：添加 C 语言源文件。

单击菜单栏中的"工具"→"主题"命令，可以切换深色界面或浅色界面。在"解决方案资源管理器"对话框中右击"源文件"文件夹，在弹出的快捷菜单中选择"添加"→"新建项"命令，如图1-10所示。

弹出"添加新项"对话框，将 Project3 项目中新建文件的扩展名 .cpp 改为 .c，如 FileName.c，如图1-11所示。

步骤4：编辑和编译。

在窗口中编辑一个 C 语言程序，如图1-12所示。

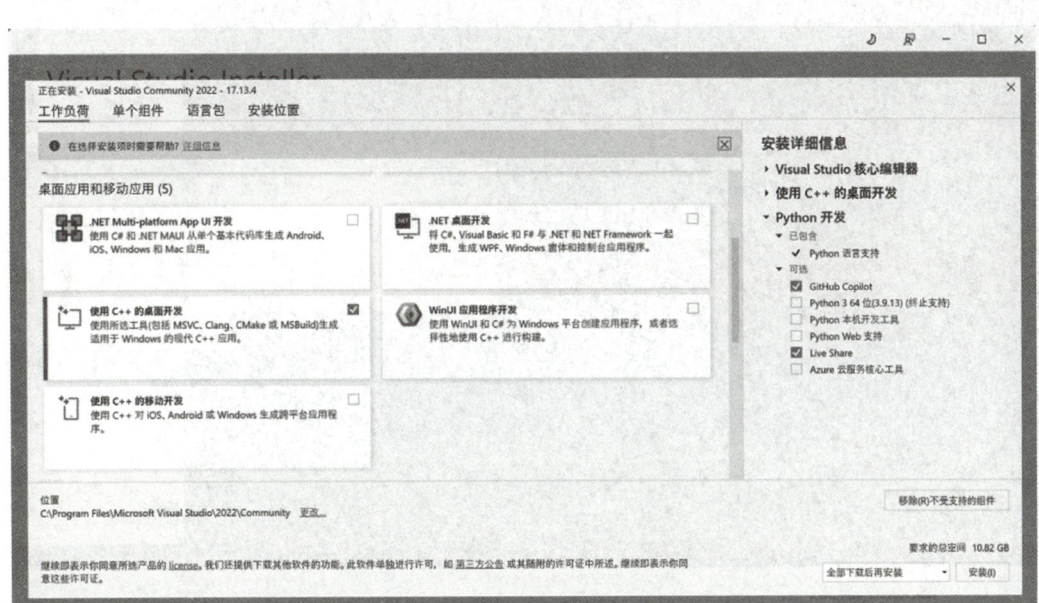

图1-8 勾选"使用C++的桌面开发"复选框

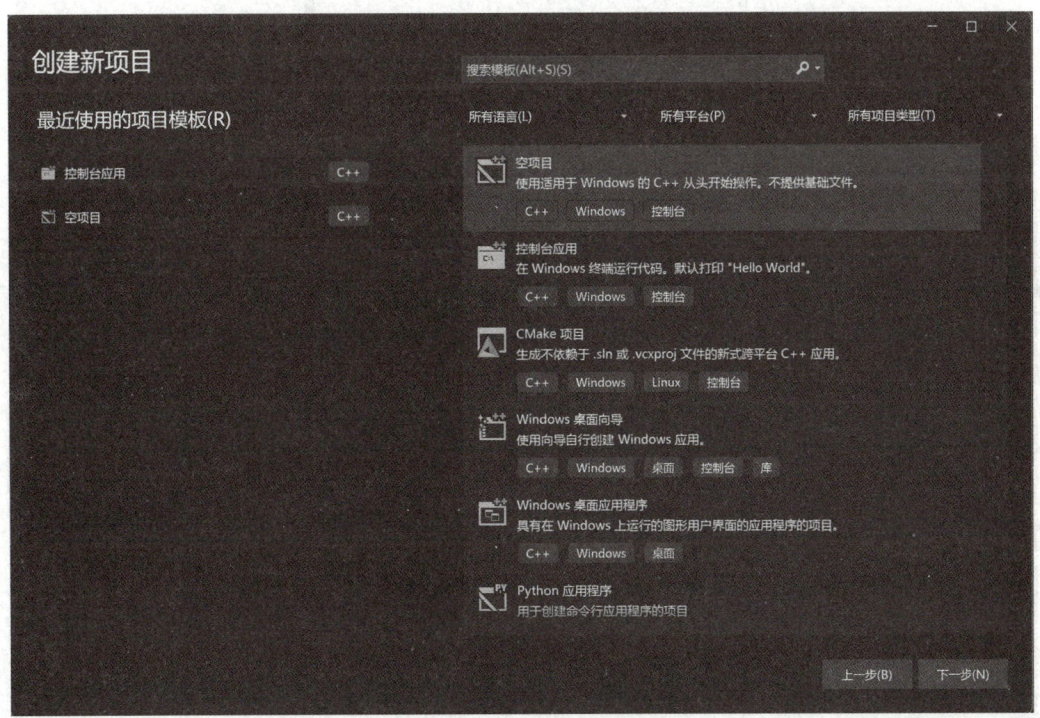

图1-9 新建C语言项目

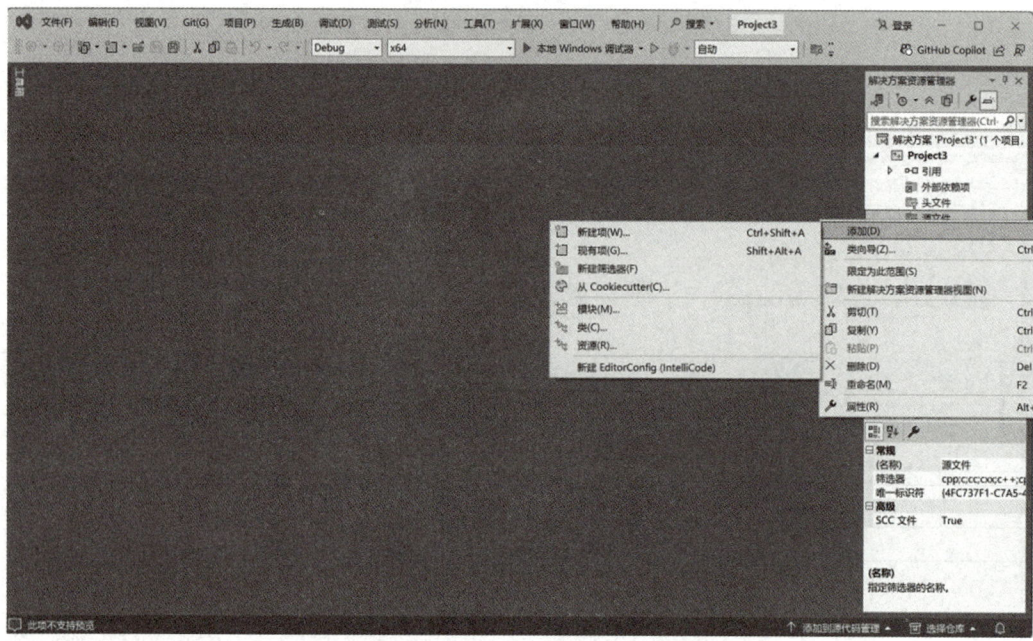

图 1-10　新建 C 语言源文件

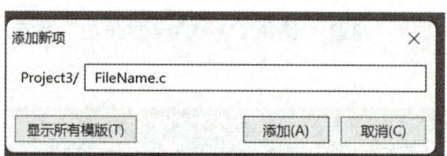

图 1-11　修改扩展名

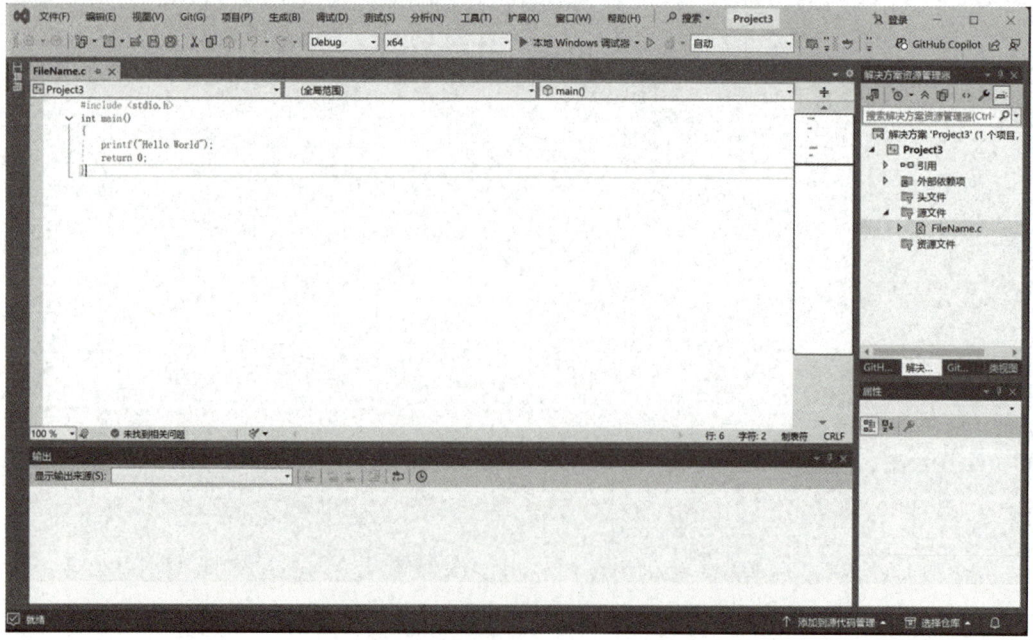

图 1-12　编辑一个 C 语言程序

对编辑好的 C 语言程序进行编译。单击菜单栏中的"生成"→Build Project3 命令（图 1－13）或按 Ctrl＋B 组合键生成项目。在编译过程中，在"输出"界面显示编译信息，如图 1－14 所示。如果代码中存在语法错误或其他问题，就在"错误列表"窗口中显示相应的错误和警告信息，需要根据这些信息修改代码，然后进行编译，直到编译成功。

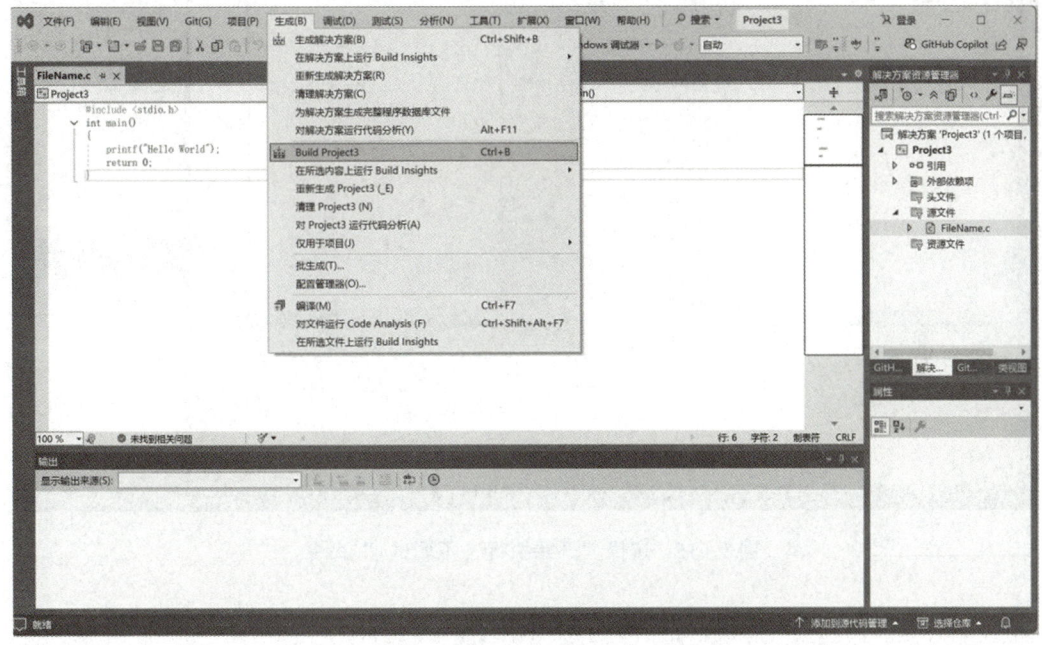

图 1－13　选择 Build Project3 命令

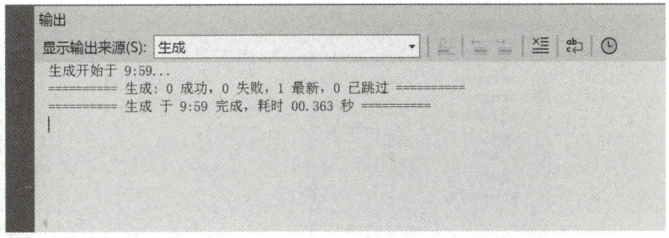

图 1－14　在"输出"界面显示编译信息

步骤 5：调试和运行。

编译成功后，可以选择以下两种方式运行程序。

（1）不调试运行。单击菜单栏中的"调试"→"开始执行（不调试）"命令（图 1－15）或按 Ctrl＋F5 组合键，直接运行程序，不会进入调试模式。在一个新的控制台窗口中显示运行结果。

（2）调试运行。单击菜单栏中的"调试"→"开始调试"命令（图 1－16）或按快捷键 F5，在调试模式下运行程序，可以设置断点、单步执行代码、查看变量的值等，方便程序调试和错误排查。

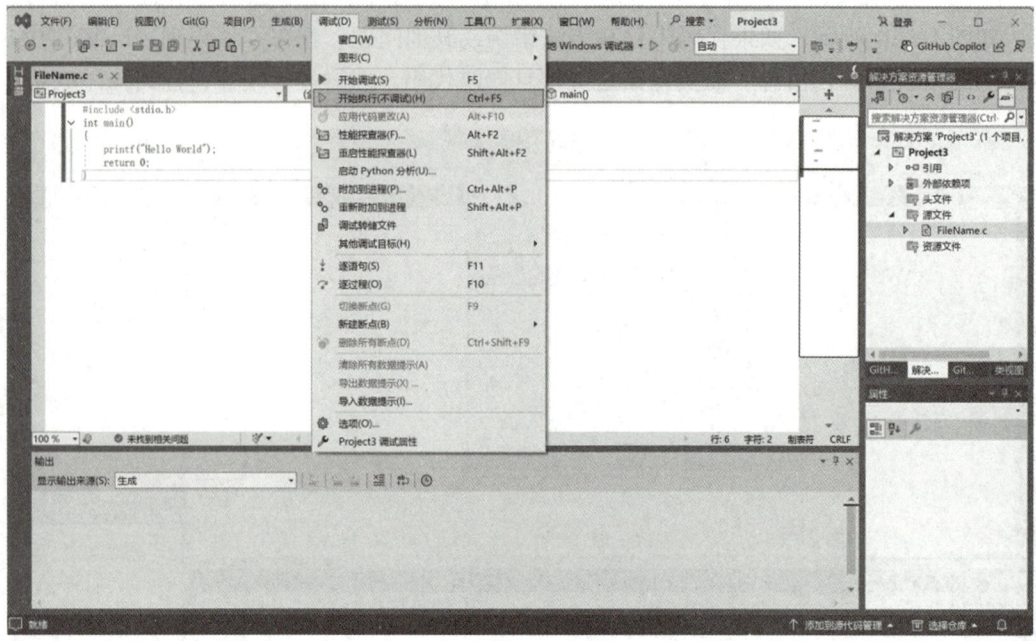

图1-15 选择"开始执行(不调试)"命令

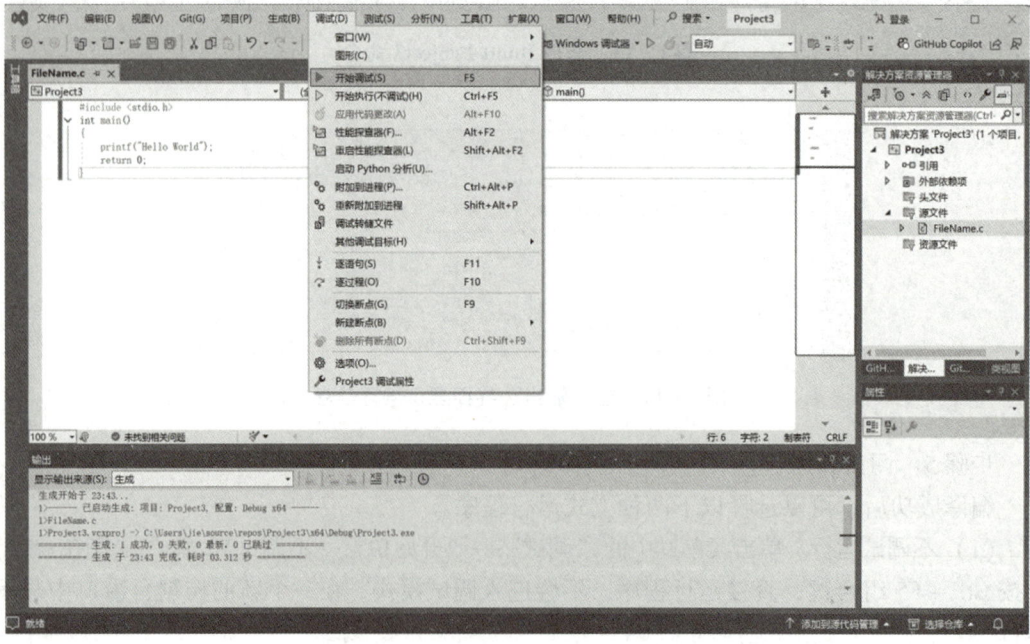

图1-16 选择"开始调试"命令

在弹出的窗口显示程序运行结果,如图1-17所示。

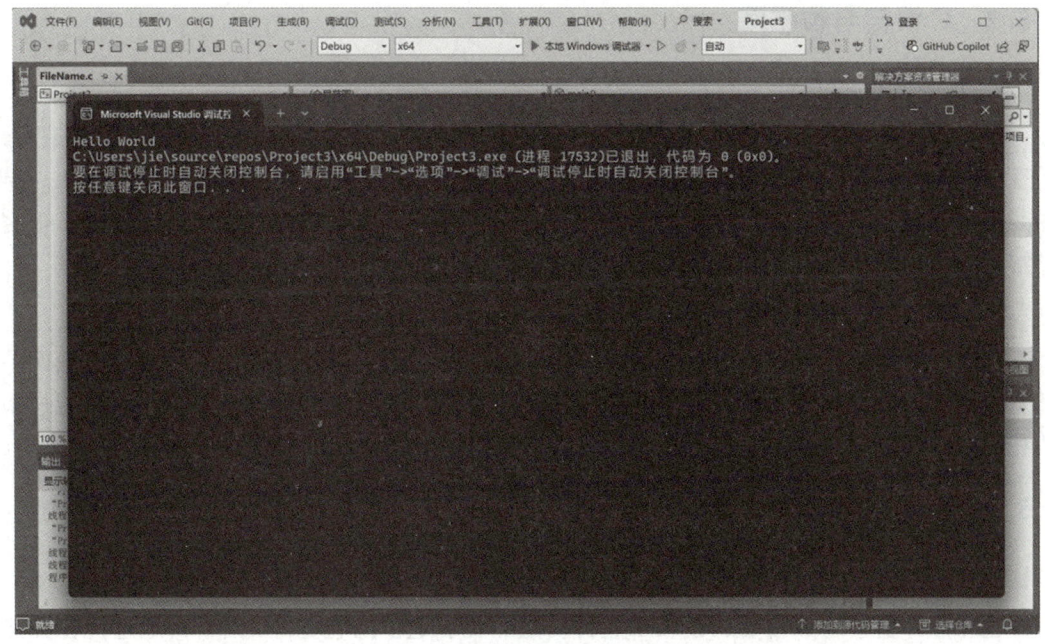

图1-17　程序运行结果

所有程序和数据都只有在内存中才能被执行，即使使用不同集成开发环境编写C语言代码，最终也会被加载到内存执行。集成开发环境的作用是简化操作流程，但程序的本质执行机制与传统命令行编译完全一致。

1.5　C语言的创新创业视角

C语言作为一门接近硬件层的高效编程语言，在智能硬件、物联网（internet of things，IoT）及边缘计算领域展现出不可替代的核心价值。C语言具有高效性、可移植性和底层硬件操作能力，是连接前沿理论和实际硬件应用不可或缺的桥梁。

1.5.1　C语言与智能硬件开发

1. 底层硬件操作能力

使用C语言可直接访问内存、寄存器等硬件资源，支持开发嵌入式系统的设备驱动（如传感器控制、通信接口驱动）。例如，在智能家居设备中，通过C语言编写的通用输入/输出接口（general purpose input/output，GPIO）控制程序可直接操作树莓派或国产GD32开发板的引脚，实现LED控制、温度传感器数据采集等功能。

2. 实时性与资源优化

智能硬件通常受限于计算资源（如内存、处理器性能），而C语言编译后的代码运行效率极高，适用于对实时性要求高的场景。例如，在无人机飞控系统中，C语言动态内存池管理技术可优化内存分配，以保证飞行控制的实时性和稳定性。

1.5.2 C语言与物联网

1. 物联网设备开发

C语言广泛应用于物联网终端设备的固件开发,如 ESP32、STM32 等微控制器编程。C语言支持多种通信协议(如 MQTT、CoAP),可直接实现设备与云端的低延迟通信。例如,基于 C语言开发的温湿度传感器节点,通过边缘计算网关实现数据本地预处理,仅将异常数据上传至云端,显著减少网络带宽消耗。

2. 边缘计算节点的核心语言

边缘计算强调在数据源头附近进行实时处理,而 C语言因具有高效性而成为边缘网关开发的优选。例如,工业物联网中的边缘计算网关需处理海量传感器数据,C语言通过指针和内存管理技术实现高速数据过滤与分析,支持实时决策(如设备故障预警)。

1.5.3 C语言与边缘计算

1. 高性能计算支持

边缘计算场景(如自动驾驶、工业自动化)要求毫秒级响应,C语言可通过优化算法(如位运算、查表法)提升计算效率。例如,在自动驾驶车辆中,使用 C语言实现的图像处理算法可直接在车载边缘设备上运行,减小云端依赖,降低延迟风险。

2. 与新兴技术深度融合

TensorFlow Lite Micro 等轻量级 AI 框架支持 C语言环境,可在资源受限的设备上部署机器学习模型(如智能摄像头的人脸识别)。C语言结合 RISC-V 架构开发板和 5G 技术,可设计低功耗边缘节点,如应用于智慧农业中的远程监测设备。

C语言因具有高效性、硬件亲和力及广泛的生态系统而成为智能硬件、物联网与边缘计算领域创新创业的核心工具。从设备驱动开发到边缘智能决策,从低成本原型设计到规模化商业应用,C语言为技术创业者提供了从"代码到产品"的完整支撑。随着国产芯片生态的成熟与边缘计算需求的爆发,掌握 C语言将成为技术驱动型创业者的核心竞争力。

1.6 习题与实训

一、填空题

1. C语言程序由_____组成,有且只有一个_____。
2. 在 Windows 系统中,C语言源程序的扩展名是_____,编译后生成的文件的扩展名是_____,链接后生成的文件的扩展名是_____。
3. 计算机语言一般可以分为_____、_____和_____三个发展阶段。
4. 结构化程序由_____、_____和_____基本结构组成。
5. C语言可以用来编写_____软件,也可以用来编写应用软件。

二、选择题

1. 下面关于 C 程序的叙述中,错误的是(   )。

A. 一个 C 语言程序中必须有且只有一个主函数

B. 一个 C 语言程序的执行从主函数开始，到主函数的右大括号结束

C. 一个 C 语言程序中可以包含一个或多个主函数

D. C 语言程序的基本组成单位是函数

2. C 语言属于（　　）。

A. 机器语言　　　B. 低级语言　　　C. 汇编语言　　　D. 高级语言

3. C 语言规定，在一个源程序中，main 函数的位置（　　）。

A. 必须在最前面　　　　　　　　B. 可以任意

C. 必须在最后面　　　　　　　　D. 必须在系统调用的库函数后面

4. 下面叙述中错误的是（　　）。

A. 分号是 C 语句的结束标志

B. 函数是 C 程序的基本组成单位

C. 主函数的名字不一定是 main

D. C 程序的注释可以根据需要写在程序中的任何一行

5. 用 C 语言编写的程序（　　）。

A. 可直接执行　　　　　　　　　B. 经过链接后可执行

C. 经过编译后可执行　　　　　　D. 只有经过编译、链接后才可执行

6. 下面叙述中正确的是（　　）。

A. C 程序中的注释只能出现在程序的最前面和语句的后面

B. C 程序书写格式严格，要求一行只能写一条语句

C. C 程序书写格式自由，一条语句可以写成多行

D. 用 C 语言编写的程序只能放在一个程序文件中

三、实训

在计算机上搭建 C 语言开发环境，并输出"Hello World"。

参考答案

一、填空题

1. 函数　主函数

2. .c　.obj　.exe

3. 机器语言　汇编语言　高级语言

4. 顺序结构　选择结构　循环结构

5. 系统

二、选择题

1. C　2. D　3. B　4. C　5. D　6. C

三、实训

参见 1.4 节"Visual Studio 开发环境的搭建和使用"部分内容。

【在线答题】

第 2 章　C 语言的数据类型与程序逻辑

2.1　变　　量

【拓展视频】

计算机程序通过对内存单元的访问实现各种操作。可以通过名称（直接）和地址（间接）访问内存。因此，在程序设计中，首先要定义不同的变量，变量可以看作内存单元的名称。图 2-1 所示为变量 a 的含义。

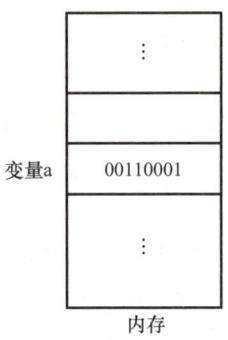

图 2-1　变量 a 的含义

在图 2-1 中，a 的值为 00110001，共一个字节，占用一个内存单元。通过后续学习我们可以知道，a 是一个字符型变量，将其值 00110001 转换为二进制是 49，是字符 '1' 的 ASCII 码，可以定义 char a = '1'。

通常可以用三要素（变量类型、变量名称、变量值）描述变量。必须先定义再使用变量。

2.1.1　变量类型

变量类型即变量的数据类型，定义变量时要给定变量的数据类型，以便编译系统或计算机为变量分配合适的内存单元。数据类型决定了数据占用的内存字节数、数据的取值范围以及操作。

2.1.2　变量名称

变量名称用于区分不同的内存单元，在程序设计中要给定变量的名称。此外，符号常量名、函数名、数组名、指针名等都是 C 语言中的标识符，定义时必须满足标识符的命名规则：①不能是 C 语言中的关键字（保留字），ISO/IEC 9899:1999 标准中有 37 个关键字，详见附录一；②只能由字母、数字、下划线组成，且不能以数字开头。

2.1.3 变量值

定义变量时，可以为变量赋值，也可以暂不赋值。变量值是程序状态的核心载体，通过赋值和修改实现数据流动。为变量赋值的数据通常是常量，常量是程序运行过程中不能改变值的量（常数）。常量有不同的数据类型。变量和常量的区别见表2-1。

表2-1 变量和常量的区别

特性	变量	常量
值的可变性	可以随时修改值	不能修改值
内存分配	运行时分配内存，占用固定存储空间	可以直接嵌入代码（如字面常量）或占用只读内存
作用	存储程序运行中需要变化的数据（如计数器、用户输入）	存储固定的值（如数学常数、配置参数）
声明方式	使用类型关键字声明（如 int a;）	使用 const 关键字可以定义常变量（const int a = 3;）或符号常量（#define PI 3.14）
错误风险	未初始化可能导致随机值（垃圾值）	未初始化的常量无法使用（编译报错）

表2-1中的常变量（const int a = 3;）是一种特殊的变量，其值在初始化后不可被修改。定义常变量时必须为其赋初值，否则会导致编译错误。常变量仍属于变量，占用内存空间，但编译器会阻止修改其值。

2.2 基本数据类型

2.2.1 数据类型概述

数据类型是编程语言中定义变量和表达式中数据的属性及操作方式的一种系统。在编程语言中，数据类型是基本概念，用于描述不同类型的数据及其操作。

引入"数据类型"概念的目的是在程序设计和开发中更好地管理及处理数据，以保证数据的正确性、可靠性和效率。数据类型决定了变量或数据占用的内存和存储方式，有助于合理利用计算机的内存资源。通过指定数据类型，可以控制变量占用的内存空间，以避免空间浪费和溢出，提高内存管理效率。不同的数据类型可以表示不同类型的数据，如整数、实数、字符等。定义数据类型的表示范围和取值范围，能够确保数据在程序中被正确解释和处理，避免由数据类型错误导致的程序异常或错误。数据类型的统一定义和规范使得程序更具有可移植性，能够在不同平台保持一致的数据表示和处理方式。

在程序设计中，每种数据类型都有一个标识或名称，用于在程序中声明和定义变量。数据类型决定了变量在内存中占用的存储空间，以字节为单位（1字节=8位）。数据类型定义了可以对该类型数据执行的操作，如算术运算、逻辑运算、比较运算等。每种数据类型都有一个默认值，即在声明变量但变量未初始化时的数值。

C语言数据类型可以分为基本类型、构造类型、指针类型、空类型，如图2-2所示。

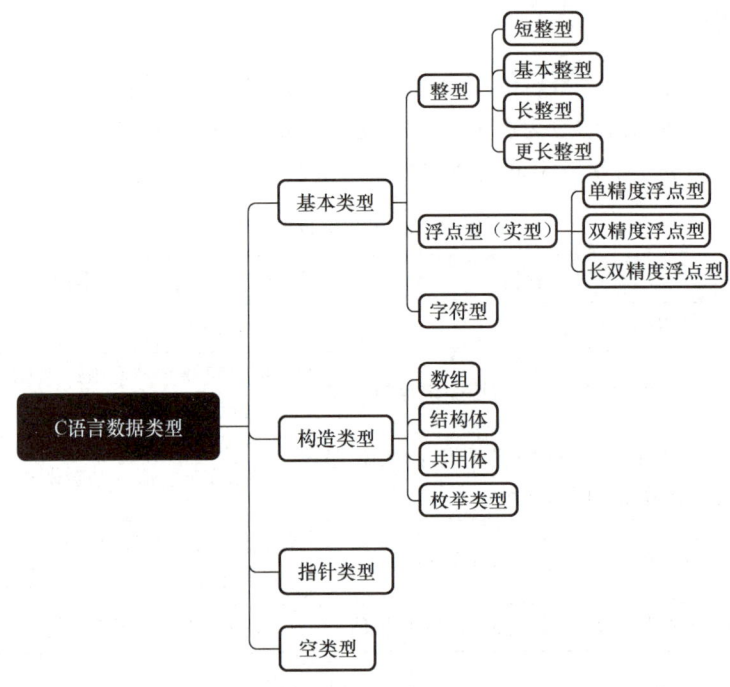

图 2-2　C 语言数据类型

下面主要讨论基本类型，其余数据类型将在后续章节介绍。

2.2.2　整型

【拓展视频】

整型是一种用于表示整数的数据类型。C 语言中有多种整型数据，其值和表示范围不同，可以根据需求选择合适的整型数据存储整数值。

整型常量有十进制（由数字 0~9 和正负号表示）、二进制（由 0 和 1 表示）、八进制（由数字 0 开头，后跟数字 0~7 表示）或十六进制（由 0x 开头，后跟 0~9、a~f 或 A~F 表示）等。

在 C 语言中，常见的整型数据如下。

1. 短整型（short int 或 short）

short 型数据通常占用 2 个字节（16 位），取值范围为 $-2^{15} \sim 2^{15}-1$，即 -32768~32767。在某些情况下，可以使用 short 型数据节省内存空间。

2. 基本整型（int）

int 型数据是常用的整型数据，int 类型在数组索引、循环计数以及许多标准库函数中都有广泛应用。在大多数系统中，int 型数据占用 4 个字节（32 位），其取值范围为 $-2^{31} \sim 2^{31}-1$。在 scanf 函数和 printf 函数中，可以通过 %d 格式符输入及输出。

3. 长整型（long int 或 int）

long 型数据通常占用 4 个字节或者 8 个字节，其取值范围为 $-2^{31} \sim 2^{31}-1$ 甚至更大。可以在一个整型常量的后面加 L 或 l（小写字母）表示一个长整型常量。

4. 更长整型（long long int）

为了表示更大范围的整数，引入了 long long int 型数据。ISO/IEC 9899:1999 标准规定，long long int 型数据至少占用 8 个字节，但在不同的编译器和平台可能占用字节不同。因此，编写跨平台代码时要保证代码的可移植性。输入和输出时要使用"% lld"格式符。

除上述常见整型数据外，C 语言还提供限定符，如 signed 和 unsigned，用于进一步指定整型数据类型的符号性质。在上述整型数据类型前加 unsigned 关键字，表示无符号整型，即只能表示非负数。例如，unsigned int 可以表示取值范围为 $0 \sim 2^{31} - 1$（按照 4 个字节计算）。

2.2.3 浮点型（实型）

【拓展视频】

在 C 语言中，浮点型数据用于表示带有小数点的数值。浮点型常量通常有如下两种表示方式。

（1）小数形式。

如果实数的个位及以上都为 0 或小数部分都为 0，就可以省略 0。例如，0.23 可以写为 .23，5.0 可以写为 5.，但不能省略小数点。

（2）指数形式（如 3.14e5、5e-3、2.5e0）。

采用指数形式表示实数时，e 前面必须有数字，e 后面的数字必须为整数。

浮点型数据分为单精度浮点型（float）、双精度浮点型（double）和长双精度浮点型（long double），它们的精度和取值范围不同，可以根据需要选择合适的浮点型数据存储浮点数值。

1. 单精度浮点型（float）

float 是 C 语言中用于表示单精度浮点数的数据类型。float 型数据通常占用 4 个字节（32 位），其取值范围为 $\pm 3.4 \times 10^{-38} \sim \pm 3.4 \times 10^{38}$。一般 float 型数据可以表示 6~7 位有效数字。因此，在浮点运算中，float 型数据精度最多可以达到 6~7 位有效数字，超过该范围的部分可能会丢失精度。

2. 双精度浮点型（double）

double 型数据是 C 语言中用于表示双精度浮点数的数据类型。double 型数据通常占用 8 个字节（64 位），可以表示 15~16 位有效数字，其取值范围为 $\pm 1.7 \times 10^{-308} \sim \pm 1.7 \times 10^{308}$。double 型数据的取值范围更广、精度更高，适合存储需要更高精度的浮点数。在实际编程中，double 型数据是常用的浮点型数据类型。

3. 长双精度浮点型（long double）

long double 型数据是 C 语言中用于表示扩展精度浮点数的数据类型。long double 型数据通常占用 10 个字节（80 位）甚至更多，具体占用字节数取决于不同的编译器和系统。long double 型数据的精度比 double 型数据高，适用于需要极高精度计算的场景。

编写程序时，尤其是在需要高精度计算的场景下，要注意选择合适的浮点型数据以保证计算结果的准确性。如果需要更高的精度，就可以考虑使用 double 型数据或者 long double 型数据，它们能够提供更多有效数字位数，从而提高精度和避免精度损失。

2.2.4 字符型

【拓展视频】

在C语言中，字符型（char 型）数据用于存储字符，占用1个字节（8位）。C语言中的字符常量用单引号引起来，如'A'、'b'、'1'。存储字符常量时，实际上存储的是该字符在字符集中对应的ASCII码值或者其他字符编码值。ASCII编码范围为0~127（0x00~0x7F）。例如，字符'A'对应的ASCII码值为65，'a'对应的ASCII码值为97，它们相差32。编程时，可以通过加或减32实现大写字母与小写字母的转换。此外，扩展的ASCII编码范围是0~255（0x00~0xFF），在数据处理、文件操作和游戏开发等领域会用到扩展的ASCII编码。

char型数据可以用于存储字母、数字、特殊字符等。特殊字符一般指以"\"开头的转义字符。常用转义字符及其含义见表2-2。

表2-2 常用转义字符及其含义

转义字符	含义
\'	输出单撇号字符
\"	输出双撇号字符
\?	输出问号字符
\\	输出反斜杠字符
\t	光标从当前位置向后移动8个字符
\b	退格
\n	换行
\o、\oo 或 \ooo，每个o都代表一个八进制数字	与该八进制码对应的字符
\xh[h…]，每个h都代表一个十六进制数字	与该十六进制码对应的字符

char型数据在C语言中可以是有符号的，也可以是无符号的，具体取决于编译器和平台的默认设置。

在C语言中表示字符串必须使用双引号，如"Hello" "How are you?"等，也称字符串常量。

2.3 运算符与表达式

C语言中的运算符是一种特殊的符号，告诉编译器执行特定的数学或逻辑操作。C语言提供多种类型的运算符，用于执行不同的操作。

表达式是由一个或多个运算符及其操作的变量、常量或值组成的组合，它可以计算并产生一个结果。在C语言中，表达式是程序代码的基本组成部分，用于执行计算、赋值、调用函数等操作。在表达式中，乘号不能省略，如a乘以b应该写成a*b，而ab是错误的表达；运算符不能相邻，如x+-y是错误的表达；可以使用多层小括号表示运算顺序，括号必须成对出现。

在 C 语言中，运算符的优先级决定了表达式中各运算符的运算顺序。优先级高的运算符先计算；如果运算符的优先级相同，就从左到右结合。例如，由于 * 和 / 的优先级高于 + 和 -，因此在表达式 a * b + c / d 中，先计算乘法和除法。若要明确控制运算的顺序，则可以使用括号改变默认的运算符优先级顺序。例如，在 (a + b) * c 中，先执行加法运算，再执行乘法运算。理解运算符的优先级对编写复杂表达式非常重要，可以避免因运算顺序不当引发的错误。C 语言运算符的优先级见表 2-3。

表 2-3　C 语言运算符的优先级

优先级	运算符	含义	参与运算对象的数目	结合方向
1	( )	圆括号运算符	双目运算符	自左至右
	[ ]	下标运算符		
	->	指向结构体成员运算符		
	.	结构体成员运算符		
2	!	逻辑非运算符	单目运算符	自右至左
	++	自增运算符		
	--	自减运算符		
	-	负号运算符		
	(类型)	类型转换运算符		
	*	指针运算符		
	&	取地址运算符		
	sizeof	求类型长度运算符		
3	*	乘法运算符	双目运算符	自左至右
	/	除法运算符		
	%	求余运算符		
4	+	加法运算符	双目运算符	自左至右
	-	减法运算符		
5	<	关系运算符	双目运算符	自左至右
	<=			
	>			
	>=			
6	==	等于运算符	双目运算符	自左至右
	!=	不等于运算符		
7	&	按位与运算符	双目运算符	自左至右
8	&&	逻辑与运算符	双目运算符	自左至右
9	||	逻辑或运算符	双目运算符	自左至右
10	?:	条件运算符	三目运算符	自右至左

续表

优先级	运算符	含义	参与运算对象的数目	结合方向
11	= + = - = * = / = % =	赋值运算符	双目运算符	自右至左
12	,	逗号运算符（顺序求值运算符）	双目运算符	自左至右

2.3.1 算术运算符

【拓展视频】

算术运算符（表2-4）用于执行基本数学运算，包括加、减、乘、除、取余、自增、自减运算。

表2-4 算术运算符

运算符	名称	说明
+	加法运算符	将两个数相加
-	减法运算符	将两个数相减
*	乘法运算符	将两个数相乘
/	除法运算符	将两个数相除
%	取余（取模）	返回除法的余数
++	自增运算符	将变量值加1
--	自减运算符	将变量值减1

算术表达式是包含算术运算符和操作数的表达式。

注意：（1）使用C语言中的"/"时，如果被除数和除数都是整数，运算结果就只能是整数。例如，1/2的结果为0，如果想要得到0.5，就可以在程序中直接写为1.0/2、1/2.0或1.0/2.0，也可以利用类型转换运算符转换。

（2）使用C语言中的"%"时，要求两个操作数都是整数。

（3）可以将"++"和"--"放在变量的前面或后面。针对单个变量，如表达式a++和++a，都是将变量a加1。针对表达式，若放在不同的位置则意义不同，如表达式b=++a和b=a++，若a的值为1，则执行b=++a后，b的值为2；执行b=a++后，b的值仍为1，但执行两条语句后，a的值都为2。

2.3.2 关系运算符

【拓展视频】

关系运算符用于比较两个值，若比较结果为真（true）则返回1，若比较结果为假（false）则返回0。关系运算符见表2-5。

表2-5 关系运算符

运算符	名称	说明
==	等于运算符	判断运算符两边的值是否相等,如果相等则结果为真(true),返回1;否则结果为假(false),返回0
!=	不等于运算符	判断运算符两边的值是否相等,如果不相等则结果为真(true),返回1;否则结果为假(false),返回0
>	大于运算符	判断运算符左边的值是否大于右边的值,如果大于则结果为真(true),返回1;否则结果为假(false),返回0
<	小于运算符	判断运算符左边的值是否小于右边的值,如果小于则结果为真(true),返回1;否则结果为假(false),返回0
>=	大于等于运算符	判断运算符左边的值是否大于或等于右边的值,如果大于或等于则结果为真(true),返回1;否则结果为假(false),返回0
<=	小于等于运算符	判断运算符左边的值是否小于或等于右边的值,如果小于或等于则结果为真(true),返回1;否则结果为假(false),返回0

关系表达式使用关系运算符比较两个值。例如,关系表达式 x<y 用于比较变量 x 和变量 y 的大小。如果 x=5,y=10,那么这个表达式的结果为真(true),返回1。

注意:当关系运算符两边的操作数类型不同时,C语言进行隐式类型转换。例如,当整数和浮点数比较时,整数会被转换为浮点数。

2.3.3 逻辑运算符

逻辑运算符用于执行逻辑运算,若运算结果为真(true)则返回1,若运算结果为假(false)则返回0。逻辑运算符见表2-6。

【拓展视频】

表2-6 逻辑运算符

运算符	名称	说明
&&	逻辑与	当两边的操作数都为真时结果为真
||	逻辑或	当任一边的操作数为真时结果为真
!	逻辑非	反转操作数的真假值

逻辑表达式:使用逻辑运算符组合多个条件。

例如逻辑表达式 x>0&&y!=0,由于关系运算符的优先级高于逻辑运算符(逻辑非除外),因此表达式由 x>0 和 y!=0 两部分组成,通过逻辑运算符 &&(逻辑与)连接。如果变量 x 的值大于 0 且变量 y 的值不等于 0,那么整个表达式的结果为真(true),返回1;否则结果为假(false),返回0。

注意:(1)参与逻辑运算的操作数,只要是非零值就为真(true),只要值为零就为假(false)。例如,0.5&&1 的值为1,'A'&&1 的值为1,-2&&1 的值也为1。

(2)逻辑与(&&)和逻辑或(||)具有短路求值特性,即当左侧表达式结果能确定整体结果时,不再执行右侧表达式。例如,int m=1,n=0;执行语句(m==0)

&&（n=2）；后，n 的值仍然等于 0，因为 m 等于 0 的命题为假，对于逻辑与操作来说，两边操作数只要有假，结果就为假，因此不会执行 n=2。

2.3.4 位运算符

【拓展视频】

位运算符直接对操作数的二进制位进行操作。位运算符见表 2-7。

表 2-7 位运算符

运算符	名称	说明
&	按位与	比较两个数的每一位，只有对应的位都为 1，结果才为 1
|	按位或	比较两个数的每一位，只要对应的位中有一个为 1，结果就为 1
^	按位异或	比较两个数的每一位，只要对应的位不相同，结果就为 1（相同为 0，不同为 1）
~	按位取反	反转操作数的每一位
<<	左移位	将操作数的所有位向左移动指定位数
>>	右移位	将操作数的所有位向右移动指定位数

位运算表达式：使用位运算符对整数或字符的二进制位进行操作。

例如，在按位与表达式 a&b 中，a 和 b 是两个操作数，按位与运算会对 a 和 b 对应的二进制位进行比较，当对应位的两个操作数都为 1 时，结果对应位为 1，否则为 0。因此，用 a&b 表达式对 a 和 b 进行按位与运算时，得到的结果是一个新值，其中每个位上的值都是 a 和 b 对应位上的值进行按位与运算后的结果。例如，计算 2&3 时，用 4 位二进制表示为 0010&0011，按位与运算的结果为 0010，即十进制的 2。

注意：按位异或的运算规则是对应位数值相同为 0，对应位数值不同为 1。

2.3.5 赋值运算符

【拓展视频】

赋值运算符用于为变量赋值，包括基本赋值运算符和复合赋值运算符。赋值运算符见表 2-8。

表 2-8 赋值运算符

运算符	名称	说明
=	简单赋值	将右侧表达式的值赋给左侧变量
+=	加后赋值	将左侧变量与右侧表达式相加，并将结果赋给左侧变量
-=	减后赋值	将左侧变量与右侧表达式相减，并将结果赋给左侧变量
*=	乘后赋值	将左侧变量与右侧表达式相乘，并将结果赋给左侧变量
/=	除后赋值	将左侧变量除以右侧表达式，并将结果赋给左侧变量，右侧不能为 0
%=	取模后赋值	将左侧变量除以右侧表达式的余数赋给左侧变量，右侧不能为 0

续表

运算符	名称	说明
&=	按位与后赋值	对左侧变量和右侧表达式进行按位与操作，并将结果赋给左侧变量
|=	按位或后赋值	对左侧变量和右侧表达式进行按位或操作，并将结果赋给左侧变量
^=	按位异或后赋值	对左侧变量和右侧表达式进行按位异或操作，并将结果赋给左侧变量
<<=	左移位后赋值	将左侧变量的所有位向左移动右侧表达式指定的位数，并将结果赋给左侧变量
>>=	右移位后赋值	将左侧变量的所有位向右移动右侧表达式指定的位数，并将结果赋给左侧变量

赋值表达式：将一个值赋给一个变量。

例如，在赋值表达式 x = y + 1 中，先计算 y + 1，再将计算结果赋给变量 x。具体含义是计算变量 y 的值加 1 的结果，然后将其赋给变量 x。

注意：复合赋值运算符的等号右侧具有天然的结合性。例如，将 x * = y + 1 展开后为 x = x * (y + 1)。

2.3.6 条件运算符

【拓展视频】

条件运算符（?:）也称三元（三目）运算符，其作用是依据条件表达式真假选择执行不同的表达式。具体规则如下：当条件表达式的结果为真时（非零值），整个表达式的值就是冒号（:）之前表达式 1 的值；当条件表达式的结果为假时（值为零），整个表达式的值是冒号（:）之后表达式 2 的值。条件表达式的格式如下。

条件表达式？表达式 1:表达式 2

例如，在条件表达式 a? b:c 中，a 是一个条件，b 和 c 是两个可能的结果。该表达式的含义是如果条件表达式 a 为真（非零值），则整个表达式的值为 b 的值；如果条件表达式 a 为假（值为零），则整个表达式的值为 c 的值。这种结构允许在一个表达式中根据条件选择不同的结果，在实际应用中可以代替简单的 if 语句。

2.3.7 逗号运算符

逗号运算符（,）用于按顺序执行多个表达式，并返回最后一个表达式的结果。可采用逗号表达式按顺序求多个子表达式的值，常用于简化代码、在宏中实现多语句操作及函数参数传递时分割多个参数等。

例如，在逗号表达式（x + +, x）中，x + + 是一个后缀自增操作，首先使用 x 的当前值，然后 x 的值递增。但是，由于 x + + 前面有圆括号，因此 x 的递增操作不是最终结果。逗号表达式（x + +, x）的结果是第二个表达式 x 的值，即返回最后一个表达式的值。如果变量 x 的初始值是 5，那么执行（x + +, x）后，x 的值变成 6，并且整个表达式的结果是 6。

2.3.8 求字节运算符

求字节运算符（sizeof）用于确定变量或数据类型占用的内存（以字节为单位），其适用于基本数据类型、结构体、联合体、数组甚至指针类型。求字节表达式的格式如下。

```
sizeof(<类型说明符>|<变量名>)
```

例如，在求字节表达式 sizeof（int）中，sizeof（int）用来获取整型数据类型 int 的大小。由于 int 型数据在大多数系统中占据 4 个字节，因此 sizeof（int）在这些系统中返回 4。使用 sizeof 运算符可以在编程中动态地获取某个数据类型或变量的大小，以便更准确地进行内存分配、数组操作等。

2.3.9 取地址运算符

取地址运算符（&）用于获取变量的内存地址，在指针操作中用于指定指针变量的指向。取地址表达式的格式如下。

```
& 变量名
```

例如：

```
int a = 10;
int *p = &a;
```

上述代码定义了一个整型变量 a，并将其初始化为 10，说明在内存中分配了一个存储整数值的位置，并将其值设置为 10。然后定义了一个整型指针变量 p，并将其指向变量 a 的地址。其中 &a 表示取变量 a 的地址，即变量 a 在内存中的位置。

2.3.10 间接运算符

间接运算符（*）可以定义指针变量，也可以通过指针访问变量的值，即引用指针。通过指针访问变量的表达式格式如下。

```
*指针变量名
```

例如：

```
int a = 10;
int *p = &a;
int value = *p;
```

上述代码定义了一个整型变量 a，并将其初始化为 10。int * p = &a 定义了一个整型指针变量 p，并将其指向变量 a 的地址，即 p 中存储了变量 a 的地址。int value = * p 将指针 p 指向地址的值赋给变量 value，其中 * p 将取出指针 p 指向地址中存储的值，也就是指针 p 指向的变量 a 的值。这条语句的作用是将变量 a 的值（10）赋给变量 value。所以，最终 value 的值为 10。

2.3.11 类型转换运算符

类型转换运算符允许编程人员显式地指定数据类型的转换,通过在表达式的前面加目标数据类型实现。

使用类型转换运算符可以强制将一个数据类型转换为另一个数据类型。例如,可以使用(int)强制将 double 类型转换为 int 类型。

【拓展视频】

类型转换运算符示例如下。

```
int i = (int)3.14;      //将浮点数 3.14 强制转换为整数 3
float f = (float)i;     //将整数 i 强制转换为浮点数
```

通过类型转换运算符转换的目的是控制表达式的计算结果,特别是在需要确保结果符合特定数据类型规格时。然而,强制类型转换可能会导致数据丢失,尤其是转换为较低精度的数据类型时。例如(int)3.9 会把 3.9 强制转换为整数 3,而不四舍五入。因此,在编写代码时应该谨慎使用强制类型转换运算符,并确保理解这种转换的后果。

2.3.12 其他运算符

"."是成员访问运算符(点运算符),用于访问结构体(struct)、共用体(union)、类(在 C++中)或对象的成员变量。

例如,使用"."运算符访问结构体的成员。

```
struct Person{
    char name[50];
    int age;
};
struct Person person = {"Alice",30};    //使用"."运算符访问结构体成员
printf("name:%s \n",person.name);        //输出 name:Alice
printf("age:%d \n",person.age);          //输出 age:30
```

又如:使用"."运算符修改结构体的成员。

```
strcpy(person.name,"Bob");               //修改 name 成员
person.age = 25;                          //修改 age 成员
```

上述代码定义了一个结构体类型 Person,包含了一个长度为 50 的字符数组 name 和一个整型变量 age。然后创建了一个结构体变量 person,并初始化其 name 为 Alice,age 为 30。使用"."运算符访问结构体成员,分别输出 person 的 name 和 age。strcpy 函数是字符串复制函数,可以将一个字符串复制到另一个字符串中。因此,语句 strcpy(person.name,"Bob")的作用是将字符串 Bob 复制到 person 的 name 成员中,从而将 name 的值修改为 Bob。语句 person.age = 25;将 person 结构体变量的 age 成员的值修改为 25。经过修改后,name 成员的值变为 Bob,age 成员的值变为 25。

"."运算符允许直接通过变量名访问其成员,这在处理结构化数据时非常有用。在 C 语言中,"."运算符通常用于访问结构体和共用体的成员。

"->"是通过指针访问成员的运算符(箭头运算符),其通常与结构体(struct)、共用体(union)或类、对象的指针一起使用,以访问或修改它们的成员变量。

例如,使用"->"运算符访问结构体指针的成员。

```
struct Person{
    char name[50];
    int age;
};
struct Person person = {"Alice",30};
struct Person *ptr = &person;          //使用"->"运算符访问结构体成员
printf("name:%s\n",ptr->name);         //输出 name:Alice
printf("age:%d\n",ptr->age);           //输出 age:30
```

上述代码在定义结构体类型和结构体变量的基础上,定义了一个相同类型的结构体指针 ptr 指向该结构体变量,然后通过指针 ptr 使用"->"运算符访问结构体成员 name 和 age,并使用 printf 函数输出相应的内容。

2.4 习题与实训

一、填空题

1. 声明一个整型变量的语句是_____ num;。
2. 在 C 语言中,整数除法运算 15/4 的结果是_____。
3. 若 char c = 'A';,则 c + 1 的结果是_____(填整数值)。
4. 在 C 语言中,用于表示真和假的值分别用_____和_____表示。
5. 声明一个单精度浮点型变量的语句是_____ num;。
6. 在 C 语言中,! = 表示_____操作。
7. 表达式(3.5 + 2)的结果的数据类型是_____。
8. 运算符 sizeof 的功能是计算变量或数据类型的_____。

二、选择题

1. 下列( )不是 C 语言的基本类型。
   A. int   B. char   C. string   D. float
2. 在 C 语言中,下列( )符号表示取地址运算。
   A. *   B. &   C. %   D. #
3. 下列( )数据类型用于存储单个字符。
   A. int   B. float   C. char   D. double
4. 下列关于 C 语言数据类型的描述错误的是( )。
   A. 整型数据可以是有符号或无符号的
   B. char 型数据占用 2 个字节的内存空间

C. long 型数据的长度不一定比 int 型数据大

D. float 型数据适用于表示小数值

5. 在 C 语言中，下列（　　）运算符用于逻辑或操作。

A. &　　　　　　B. ||　　　　　　C. !　　　　　　D. ^

6. 在 C 语言中，下列（　　）运算符用于取模运算。

A. %　　　　　　B. #　　　　　　C. /　　　　　　D. ^

7. 下列（　　）运算符用于逻辑与操作。

A. &&　　　　　　B. ||　　　　　　C. !　　　　　　D. &

三、实训

1. 变量声明与初始化。

在 C 语言编译系统中声明不同数据类型（如整型、浮点型、字符型等）的变量并初始化。验证编译环境中不同数据类型占用的字节数。

2. 不同场景下的数据类型转换。

（1）不同数据类型的变量进行运算时的自主类型转换。例如，整数和浮点数相加，观察数据类型的自动转换过程。

（2）将一个较大数据类型的值赋给一个较小数据类型的变量，观察自动截断或舍入的情况。例如，将长整型变量的值赋给整型变量，观察赋值后的结果。

（3）用类型转换运算符"（）"将一个双精度浮点数显式地转换为单精度浮点数，观察精度损失的情况。

（4）用类型转换运算符"（）"进行字符型数据与整数型数据的转换，理解字符在 ASCII 码中的表示。

3. 计算两个整数的和、差、积、商和余数；计算一个浮点数与一个整数的运算结果。

4. 优化以下包含多个逻辑运算符的表达式，使其更简洁、更高效。

((x==5 && y!=10) || (x!=5 && y==10))

5. 设计使用位运算实现快速判断一个整数是否为偶数。

参考答案

一、填空题

1. int　2. 3　3. 66　4. 1, 0　5. float　6. 不等于　7. double　8. 大小（或占用字符数）

二、选择题

1. C　2. B　3. C　4. B　5. B　6. A　7. A

三、实训

略

【在线答题】

【在线答题】

第 3 章　C 语言的流程控制与逻辑建模

结构化程序设计是一种重要的编程范式，基本遵循"自顶向下、逐步求精"的程序设计方法。其核心在于将复杂的任务分解为若干相对简单的子任务，通过层层细化、逐步深入的方式构建整个程序。在结构化程序设计的实践中，顺序结构、选择结构和循环结构构成三种基本程序结构框架，它们共同支撑起整个程序的逻辑流程。

顺序结构是结构化程序设计中的基本结构。它按照顺序执行程序中的语句，且没有分支和跳转。在顺序结构中，每条语句都按照特定的顺序执行，只有前一条语句执行完毕才能执行下一条语句。顺序结构简单明了，易于理解和维护，是构成其他复杂结构的基础。

选择结构是结构化程序设计中用于处理条件判断的重要结构。在选择结构中，程序根据给定的条件进行判断，并根据判断结果选择执行不同的语句块。选择结构能够实现程序的分支逻辑，使得程序根据不同的条件作出不同的响应。例如，在一个简单的登录程序中，我们可以使用选择结构判断用户输入的用户名和密码是否正确，若正确则允许登录，否则提示错误。

循环结构的目的是在结构化的程序设计中处理重复执行的任务。在循环结构中，程序重复执行一段代码，直到满足某个退出条件。循环结构能够实现程序的自动化和批处理，提高程序的执行效率。例如，在遍历一个数组或列表时，我们可以使用循环结构依次访问数组或列表中的每个元素，并对每个元素执行相应的操作。

除三种基本结构外，结构化程序设计还强调采用单入口、单出口的控制结构。单入口意味着程序只有一个入口点，即 main 函数，这是所有程序开始执行的位置；单出口意味着程序只有一个出口点，即程序的结束执行位置。这种控制结构有助于保证程序逻辑清晰、易于理解，同时便于程序的调试和维护。

在实际应用中，结构化程序设计广泛应用于各种编程语言和领域。它不仅能够提高程序的可读性和可维护性，还能够降低程序的出错率，提高程序的稳定性和可靠性。因此，掌握结构化程序设计的基本思想和方法对编程人员有非常重要的意义。

3.1　顺 序 结 构

3.1.1　顺序结构的概念

顺序结构是计算机程序中的基本控制结构，按照代码编写的顺序依次执行语句。在顺序结构中，程序按照代码的编写顺序逐行执行，没有分支和循环的逻辑判断，执行完一条语句后，执行下一条语句，直至程序结束。顺序结构的流程图如图 3-1 所示。

【拓展视频】

图 3-1　顺序结构的流程图

简单来说，顺序结构中的代码是按照编写顺序从上到下依次执行的，每条语句都只有等到上一条语句执行后才能执行，执行顺序是线性的，没有中断或跳转到其他语句的情况。在 C 语言程序中，很多基本操作都是通过顺序结构实现的，如变量的声明和赋值、数学运算、函数调用等，在程序执行时按照代码的编写顺序执行这些操作。

3.1.2　顺序结构的语法

编写程序时，顺序结构是简单、基础的控制结构。顺序结构的基本语法和执行规则如下。

1. 代码块

顺序结构中的代码是按照编写顺序依次执行的。代码块由一条或多条语句组成，习惯上每条语句都独占一行。代码块用花括号 {} 括起来，以表示一个整体，具体格式如下。

```
{语句1;
 语句2;
 ……;
 语句n;}
```

2. 语句执行顺序

顺序结构要求按照顺序一行一行地执行语句，先执行第一条语句，再执行第二条语句，依此类推，直到代码块执行完毕。

3. 分号分隔

在 C 语言中，语句末尾要加分号";"以表示语句结束，以便编译器或解释器识别语句的结束。

4. 注释

可以在代码中添加注释来解释代码的作用和逻辑。因为编译器不会编译注释，所以注释对程序执行没有影响。

3.1.3 输入函数和输出函数

输入输出器件是电子设备的关键组成部分,对计算机程序来说,输入语句和输出语句尤为重要,可以说几乎所有的程序都必须包含输入语句和输出语句。C 语言中的输入操作和输出操作都是通过编译系统提供的库函数实现的。因此,在程序的开头需要加#include <stdio.h> 来引用标准输入输出库中的函数。

对于简单的顺序结构,最常用的就是输入语句和输出语句。下面介绍 stdio 库中常用的两个函数:输出函数 printf 和输入函数 scanf。

1. printf 函数

printf 函数的作用是输出数据,该函数能够以任何要求的数据类型和格式输出数据,其一般格式如下。

```
printf("格式控制符",输出列表)
```

例如,printf ("%d,%d\n", a, b) 将以十进制整数的形式输出变量 a 和 b 的值。

printf 函数也可以直接输出字符串,如 printf ("Hello C!\n") 将输出 Hello C!。

在 printf 函数的使用中,最重要的是格式控制符与输出格式的关系。常用格式控制符及其含义见表 3-1。

表 3-1 常用格式控制符及其含义

格式控制字符	含义
%d	输出带符号的十进制数
%u	输出无符号的十进制数
%o	输出无符号的八进制数
%x 或%X	输出无符号的十六进制数
%f	输出浮点数(默认小数部分占 6 位)
%e 或%E	以指数形式输出浮点数
%c	输出字符
%s	输出字符串

注意:(1)需要输出几个变量,就要有对应数量的格式控制符。

(2)可以使用%m.nf 控制输出浮点数的宽度(用 m 约束)和小数位数(用 n 约束),限制小数位数后自动四舍五入,并按照要求输出。也可以用%md 限制输出整数的宽度,若 m 大于数据本身的宽度,则以空格填充;若 m 小于数据本身的宽度,则原样输出。

(3)使用%ld、%lo、%lu、%lx 可以输出不同形式的长整型整数。

(4)使用%#x、%#o 可以使输出的十六进制数据带有前导符 0x,使输出八进制形式的数据带有前导符 0。

(5)%x 和%X 分别对应输出的十六进制数中字母部分为小写(a~f)和大写(A~F);%e 和%E 分别对应输出的浮点型指数形式中为小写(e)和大写(E)。

2. scanf 函数

scanf 函数的作用是输入数据，scanf 函数能够将不同数据类型和格式的数据读入内存，其一般格式如下。

scanf("格式控制符",输入地址列表)

对比 printf 函数的使用形式，scanf 函数括号里的后半部分多了"地址"两个字。根据变量的含义及与内存单元的关系可以理解如下：通过输入语句为变量赋值时，需要先通过取地址符号"&"找到变量所在的内存单元，再把值放进去。

例如 scanf("%d,%d",&a,&b)，可以输入"3,5"，使得 a 的值为 3，b 的值为 5。注意要在变量前面加"&"，否则编译系统会提示语法错误。此外，若语句为 scanf("a=%d,b=%d",&a,&b)且想把 3 赋值给 a、把 5 赋值给 b，则要以"a=3,b=5"的形式输入，即除格式控制符外的其他字符保持一致。

scanf 函数中格式控制符的使用方法与 printf 函数类似，除表 3-1 及以上需要注意的地方，还有几点不同，见表 3-2。

表 3-2 printf 函数与 scanf 函数格式控制符的区别

格式控制符	printf	scanf
浮点型数据	单精度浮点数、双精度浮点数都用%f 或%e	单精度浮点数用%f、双精度浮点数用%lf 或%le
m.n	用 n 限制小数位数后自动四舍五入	不能限制输入的小数位数，只能用 m 限定输入数据的最大宽度
#	控制输出前导符 0x 或 0	—
h	—	输入短整型数据
-	输出的数据左对齐（默认右对齐）	—

在 Visual Studio 中编写 C 语言程序时，考虑到安全性和编译器强制规范，用 scanf_s 代替 scanf。

3.1.4 顺序结构示例

【拓展视频】

例 3.1 简单算术运算。

① #include <stdio.h>
② int main( ){
③ int a = 5;
④ int b = 10;
⑤ int sum;
⑥ sum = a + b;
⑦ printf("The sum of %d and %d is %d\n",a,b,sum);
⑧ a = 20;
⑨ sum = a + b;

⑩ printf("The sum of %d and %d is %d\n",a,b,sum);
⑪ return 0;
⑫ }

在例 3.1 中，第①行代码包含标准输入输出库 stdio.h。第②行代码用于定义 main 函数，这是 C 程序的入口点。第③行和第④行代码声明并初始化 a 和 b 两个整型变量。第⑤行代码到代码结束分别用于执行变量的声明、求和、输出操作，首先定义整型变量 sum，并将变量 a 和 b 的和赋给变量 sum；使用 printf 函数输出第一次加法操作的结果；修改变量 a 的值为 20；再次执行加法操作，使用更新后的 a 和 b 的值；再次使用 printf 函数输出第二次加法操作的结果；最后 main 函数返回 0，表示程序结束。

每次调用 printf 函数都按顺序执行如下步骤：首先格式化字符串，然后插入变量的值，最后输出结果。整个程序的流程是线性的，每条语句都按照在代码中出现的顺序执行。

例 3.2　字符加密应用。

传说在古罗马的一次战斗中，凯撒大帝发现敌方部队正向罗马城推进，于是向前线司令发出一封救援密信，其内容为 VWRS WUDIILF。敌方情报人员即使翻遍英文字典也查不出密信中两个词的含义。而古罗马前线司令很快明白了这封密信的含义，因为凯撒大帝同时发出另一条指令——前进 3 步。前线司令根据这条指令，很快翻译出密信内容。原来"前进 3 步"是一个提示，就是将每个字母都向前移动 3 位，推算出的结果就是 STOP TRAFFIC（暗示部队停止前进，返回城池）。

那么，如何利用 C 语言程序实现加密？其实利用顺序结构的程序就能解决问题。首先定义字符型变量，用于存储字母。加密的过程是字母相对位置向后移动的过程。但是，有时字母移动位置会超出字母表范围，超出后应返回字母表的开头，重新定位相应的字母。具体程序如下。

```
#include <stdio.h>
int main()
{
    char m,c;
    m = getchar();              //输入一个大写字母
    c = (m-'A'+3)%26+'A';       //加密后的字母
    putchar(c);                 //输出加密后的字母
    putchar('\n');              //换行
    return 0;
}
```

例 3.3　利用顺序结构实现咖啡订单智能处理程序。

```
#include <stdio.h>
int main()
{
    float price_per_cup = 15.0;   //单杯基础价格
    int sugar_level = 0;          //糖量选择
    int coffee_type = 0;          //咖啡类型(1-美式,2-拿铁,3-卡布奇诺)
```

```c
        int quantity = 0;                  //购买数量
        float total_price = 0.0;           //总价
        int stock = 100;                   //咖啡豆库存(克)
        // = = =顺序结构核心流程= = =
        // 1. 用户输入(模拟App前端交互)
        printf("欢迎使用智能咖啡系统!\n");
        printf("可选类型:1 -美式(10g豆),2 -拿铁(15g豆),3 -卡布奇诺(20g豆)\n");
        printf("请输入咖啡类型编号:");
        scanf("%d",&coffee_type);
        printf("请输入糖量(0 -无糖,1 -半糖,2 -全糖):");
        scanf("%d",&sugar_level);
        printf("请输入购买数量:");
        scanf("%d",&quantity);

        // 2. 计算总价(顺序运算)
        total_price = price_per_cup*quantity;

        // 3. 咖啡豆库存检查与更新(物联网硬件联动)
        int bean_usage = (coffee_type = =1)? 10:
                        (coffee_type = =2)? 15:20;
        stock - = bean_usage*quantity;

        // 4. 输出订单详情(商业数据可视化)
        printf("\n = = =订单生成= = =\n");
        printf("类型:%d|糖量:%d|数量:%d\n",coffee_type,sugar_level,quantity);
        printf("总价:¥%.2f|剩余库存:%dg\n",total_price,stock);
        printf("感谢使用!\n");
        return 0;
    }
```

总之,顺序结构的程序逻辑关系较简单,易理解。

3.1.5 顺序结构的适用场景

(1) 初始化和设置。在程序开始时,需要进行一些初始化工作,如变量初始化、配置设置等,通常按照顺序执行。

(2) 单次执行流程。顺序结构适用于只需要执行一次的流程,如程序的入口点、资源的一次性加载等。

(3) 简单数据处理。在处理不需要重复或条件判断的数据时,顺序结构可以有效地执行单一的数据处理任务。

尽管顺序结构具有局限性,但它是编程中不可或缺的一部分,特别是在程序的某些特定阶段,顺序执行是必要的。在实际编程中,顺序结构通常与选择结构和循环结构结合使用,以构建更灵活、更强大的程序逻辑。

3.2 选择结构

3.2.1 选择结构的概念

选择结构是 C 语言中常用的一种控制结构，用于根据条件判断是否执行某段代码。选择结构的特点是根据条件的真假决定程序的执行路径，以实现不同条件下的不同逻辑分支。在选择结构中，程序根据条件表达式的结果选择性地执行相应的代码块，因此程序具有灵活性和多样性。双分支选择结构的流程图如图 3－2 所示。

【拓展视频】

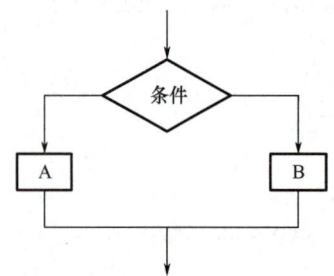

图 3－2 双分支选择结构的流程图

3.2.2 选择结构语法与示例

选择结构在 C 语言中主要通过 if 语句和 switch 语句实现。以下是这两种选择结构的基本语法及示例。

【拓展视频】

1. if 语句

（1）if 语句。if 语句是单分支选择结构，根据条件是否为真来选择是否执行相应的代码分支。

if 语句的基本格式如下。

```
if(条件){
    //若条件为真则执行代码
}
```

例 3.4 if 语句示例。

```
#include <stdio.h>
int main()
{
int age = 18;
if(age >= 18){
    printf("You are an adult. \n");
}
return 0;
}
```

例 3.4 是一个简单的 if 语句,其功能是判断一个人的年龄是否大于或等于 18 岁,并输出相应的信息。

(2) if-else 语句。if-else 语句是双分支选择结构,根据条件是否为真来选择执行两个不同的代码块。

if-else 语句的基本格式如下。

```
if(条件){
    //若条件为真则执行代码
}else{
    //若条件为假则执行代码
}
```

例 3.5 if-else 语句示例。

```
#include <stdio.h>
int main()
{
int age =18;
if(age > =18){
    printf("You are an adult. \n");
}else{
    printf("You are not an adult. \n");
}
return 0;
}
```

例 3.5 是一个双分支选择结构程序,其功能是根据一个人的年龄输出不同的信息。if(age > =18){...}else{...} 是一个带有 else 分支的条件语句,通过判断 age 的值是否大于或等于 18 来确定执行的代码块。如果 age 的值大于或等于 18 就输出 "You are an adult.";如果 age 的值小于 18 就输出 "You are not an adult."。

(3) if-else if 语句。if-else if 语句是多条件选择结构,可以根据多个条件执行不同的代码块。

if-else if 语句的基本格式如下。

```
if(条件 1){
    //若条件 1 为真则执行代码
}else if(条件 2){
    //若条件 1 为假且条件 2 为真则执行代码
}else{
    //若所有条件都不满足则执行代码
}
```

(4) 嵌套 if 语句。嵌套 if 语句是指在 if-else、if 或 else 块中包含一个或多个 if 语句,用于判断更复杂的条件。

嵌套 if 语句的基本格式如下。

【拓展视频】

```
if(条件1){
    if(条件2){
    //嵌套的条件判断
    }
}else{
//处理条件1为假的情况
}
```

例3.6　嵌套 if 语句示例。

```
#include <stdio.h>
int main()
{
int score;
scanf("%d",&score);
if(score>=90){
    printf("A\n");
}else if(score>=75){
    printf("B\n");
}else if(score>=60){
    printf("C\n");
}else{
    printf("D\n");
}
return 0;
}
```

例3.6是一个带有多个判断条件的 if-else 语句，其中 else if 语句可以看作 else 语句中嵌套了 if 语句，其功能是根据分数输出对应的等级。

首先定义整型变量 score 并通过键盘给变量赋值，若 score 的值大于或等于90则执行 {printf ("A\n");}，输出 A，表示分数等级为 A。若 score 的值大于或等于75且小于90则执行 {printf ("B\n");}，输出 B，表示分数等级为 B。若 score 的值大于或等于60且小于75则执行 {printf ("C\n");}，输出 C，表示分数等级为 C。若上面的条件都不满足则执行 {printf ("D\n");}，输出 D，表示分数等级为 D。

注意：当程序中有多个 if 和 else 的语句时，else 与其上面最近且未配对的 if 配对。

2. switch 语句

switch 语句是基于不同情况（case）的多条件选择结构，通常用于单个变量或表达式的多个常量值的选择逻辑。

switch 语句的基本格式如下。

```
switch(expression){
    case constant1:
    //若 expression 等于 constant1 则执行代码
    break;
    case constant2:
    //若 expression 等于 constant2 则执行代码
    break;
    //...
    default:
    //若以上 case 都不匹配则执行代码
}
```

在 switch 语句中，expression 通常为整型变量或枚举类型的表达式。每个 case 后面的 constant 都是一个常量表达式，其类型应与 expression 的类型兼容。break 语句用于退出 switch 结构，防止执行流程滑落到后面的 case。如果没有 break，那么即使当前条件不匹配，程序也继续执行下一个 case 的代码，称为"fall through"。default 部分是可选的，用于处理没有在 case 中列出的其他情况，类似于 if-else 结构中的 else。

例 3.7 利用 switch 语句实现多分支选择。

```
#include <stdio.h>
int main()
{
char grade;
grade = getchar();
switch(grade){
    case 'A':
    printf("Excellent!\n");
    break;
    case 'B':
    printf("Well done.\n");
    break;
    case 'C':
    printf("You passed.\n");
    break;
    case 'D':
    printf("Passed.\n");
    break;
    default:
    printf("Invalid grade.\n");
}
return 0;
}
```

例 3.7 利用 switch 语句实现多分支选择结构，其功能是根据变量 grade 的值输出不同的信息。

首先定义一个字符型变量 grade，并通过键盘为 grade 赋值。

switch（grade）根据 grade 的值执行相应的 case 分支语句。

case'A'：当 grade 的值等于 A 时，输出"Excellent!"。break 是 case 分支结束的标志，用于跳出 switch 语句，防止执行后面的 case 分支。

case'B'：当 grade 的值等于 B 时，输出"Well done."，然后通过 break 结束跳出 switch 语句。

case'C'：当 grade 的值等于 C 时，输出"You passed."，然后通过 break 结束跳出 switch 语句。

case'D'：当 grade 的值等于 D 时，输出"Passed."，然后通过 break 结束跳出 switch 语句。

default：当 grade 的值不匹配任何已定义的 case 分支时，执行该分支语句 printf（"Invalid grade.\n"），输出"Invalid grade."。

如果输入 grade 的值是 B，程序就执行第二个 case 分支语句，输出"Well done."。

选择结构使得程序能够根据不同的条件执行不同的代码路径，它是实现程序逻辑和决策制定的关键部分。每种选择结构都具有特定的使用场景和优势，可以根据需要选择合适的选择结构来实现所需的功能。

例 3.8 利用 if－else 语句实现智能健康监测手环系统中的实时健康反馈。功能要求：根据用户的心率范围提供不同的健康建议。

```c
#include <stdio.h>
int main()
{
    int heartRate;
    printf("请输入当前心率(次/分钟):");
    scanf("%d",&heartRate);
    if(heartRate < 60){
        printf("心率过低!建议适当增大运动强度.\n");
    }
    else if(heartRate >= 60&&heartRate <= 100){
        printf("心率正常,保持当前状态.\n");
    }
    else if(heartRate >100&&heartRate <= 120){
        printf("心率偏高,请减速或休息片刻.\n");
    }
    else{
        printf("警告!心率过高,请立即停止运动并就医!\n");
    }
    return 0;
}
```

例3.8 通过 if 语句的多分支结构实现智能健康监测手环中的复杂决策逻辑。我们还可以结合其他传感器数据（如体温、血氧）增加分支条件，以实现更多功能。

例3.9 利用 switch 语句实现共享充电宝的时长选择，并执行相应的计费规则。功能要求：根据用户选择的租借时长套餐（如 1 小时、3 小时、6 小时、24 小时）自动计算费用和归还时间。

```
#include <stdio.h>
int main()
{
    int choice;
    float cost=0.0;
    int hours=0;
    printf("===共享充电宝租借时长套餐===\n");
    printf("1.1 小时(3 元)\n");
    printf("2.3 小时(8 元)\n");
    printf("3.6 小时(15 元)\n");
    printf("4.24 小时(30 元)\n");
    printf("请输入套餐编号:");
    scanf("%d",&choice);
    switch(choice){
        case 1:
            cost=3.0;
            hours=1;
            break;
        case 2:
            cost=8.0;
            hours=3;
            break;
        case 3:
            cost=15.0;
            hours=6;
            break;
        case 4:
            cost=30.0;
            hours=24;
            break;
        default:
            printf("输入错误!请重新选择.\n");
            return 1;
    }
    //计算归还时间(假设当前时间为 14:00)
    int return_hour=14+hours;
```

```
    printf("\n租借成功!费用:%.2f元,需在今日%d:00 前归还.\n",cost,return_hour %
24);
    return 0;
}
```

switch 语句的优点在于能够高效处理多分支逻辑,适用于用户交互、设备控制、动态计费等场景;结合 break 语句和 default 语句可提升代码的鲁棒性,且灵活的分支设计能显著降低系统的复杂度。当 case 后面有多个语句且要定义局部变量时,需要用括号将这些语句括起来,形成复合语句。例如以下语句。

```
case 1:
    {float cost = 3.0;
    hours = 1;
    break;}
```

3.2.3 选择结构的适用场景

(1) 条件判断。当程序需要根据不同的条件执行不同的代码路径时,使用 if 语句或 switch 语句。

(2) 用户输入验证。用户输入数据后,使用选择结构验证输入是否有效或符合预期格式。

(3) 配置选项。当程序需要根据不同的配置选项执行不同的操作时,选择结构可以用于控制这些操作。

(4) 错误处理。当检测到错误或异常情况时,使用选择结构决定错误处理逻辑。

(5) 菜单驱动。在创建菜单时,使用 switch 结构或 if-else 结构响应用户的选择。

(6) 算法逻辑。在实现算法时,选择结构用于实现逻辑分支,如递归终止条件、搜索算法中的找到/未找到情况等。

3.3 循 环 结 构

3.3.1 循环结构的概念

【拓展视频】

循环是一种控制程序流程的机制,它重复执行一系列语句,直到不满足既定条件。循环结构在编程中非常常见,尤其是在需要处理大量数据或执行重复任务时。

循环结构包括以下关键部分。

(1) 初始化。初始化用于在循环开始前设置循环控制变量的初始值。

(2) 条件表达式。条件表达式是每次循环迭代前的评估条件,若结果为真则继续执行循环体。

(3) 循环体。循环体是每次条件表达式为真时执行的代码块。

（4）迭代表达式。迭代表达式是每次循环迭代后执行的操作，通常用于更新循环控制变量。

（5）退出条件。若条件表达式的结果为假，则循环终止。

循环结构是编程中实现重复操作的基本工具，可以显著减少重复代码并提高编程效率。正确使用循环结构对编写高效、可读性强的代码至关重要。

3.3.2 循环结构的语法与示例

C语言中提供for循环、while循环和do-while循环三种基本循环结构。

【拓展视频】

1. for循环

for循环是一种基于计数器的循环结构，适用于循环次数已知或未知的情况。循环变量可以在一个循环结构内完成初始化、条件判断和循环变量改变的操作。for循环结构清晰，循环变量的作用范围局限在for循环中，不会污染外部作用域。for循环语句的流程图如图3-3所示。

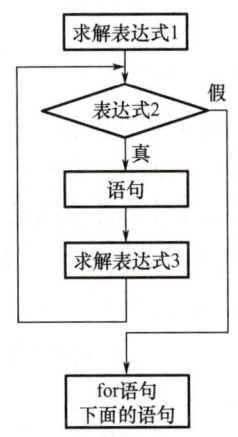

图3-3　for循环语句的流程图

for循环语句的基本格式如下。

```
for(表达式1;表达式2;表达式3){
    //循环体:当条件表达式为真时执行代码
}
```

for循环语句的执行过程如下。

（1）求解表达式1。

（2）求解表达式2，若条件表达式的值为真（值为非0）则执行for语句中的循环体，然后执行步骤（3）；若条件表达式的值为假（值为0）则结束循环，转到步骤（5）。

（3）求解表达式3。

（4）转回步骤（2）继续执行。

注意：执行循环体后，若循环变量的值"超过"循环终值，则循环结束。

（5）循环结束，执行for语句下面的语句。

根据三个表达式代表的不同含义,可以将 for 循环语句的基本格式简化如下。

```
for(初始化表达式;条件表达式;循环变量递增/递减表达式){
    //循环体:当条件表达式为真时执行代码
}
```

例 3.10 利用 for 循环输出 0~10 的数字。

```
#include <stdio.h>
int main()
{
    int i;
    for(i=0;i<=10;i++){
        printf("%d",i);
    }
    printf("\n");
    return 0;
}
```

例 3.10 中 for 循环的循环变量 i 从 0 增大到 10,每次循环都输出当前 i 的值,然后在循环结束后输出一个换行符。最后程序返回 0,表示正常结束。

例 3.11 利用 for 循环实现智能农业传感器数据批量采集程序。要求农业物联网设备按固定频率采集土壤湿度数据(如每小时采集一次,持续 24 小时)。

```
#include <stdio.h>
float readSoilMoisture(){              //模拟传感器数据采集函数
    //实际开发中会调用硬件接口
    return(float)(rand()%100);         //返回 0~99 的随机数模拟土壤湿度
}
int main()
{
    const int HOURS = 24;              //定义常变量 HOURS
    int i;                             //定义循环变量
    float moistureData[HOURS];         //定义数组存储每个小时的土壤湿度数据
    for(i=0;i<HOURS;i++){              // for 循环固定采集 24 次
        moistureData[i] = readSoilMoisture();
        printf("[Hour%02d]Moisture:%.1f%%\n",i+1,moistureData[i]);
    }
    return 0;
}
```

在例 3.11 中,利用 for 循环实现了对土壤湿度 24 小时监测结果的读取和保存,通常利用数组保存多组数据。printf 中的 %% 会输出一个 %。

2. while 循环

在 C 语言中，while 循环是一种前测试循环结构，也就是在执行循环体之前评估循环条件。若条件为真（值为非 0），则执行循环体内的语句。执行循环体后，再次评估条件，若条件仍然为真则循环继续。这个过程会一直持续，直到条件为假（值为 0）。如果循环条件始终为真或者循环体中没有修改条件表达式的值，while 循环就变成无限循环。因此，条件表达式必须被设计成最终评估为假，以避免无限循环。如果初始条件为假，while 循环就一次都不执行。while 循环语句的流程图如图 3-4 所示。

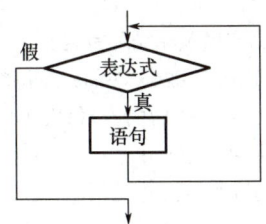

图 3-4 while 循环语句的流程图

while 循环语句的基本格式如下。

```
while(条件表达式){
    //循环体:当条件表达式为真时执行代码
}
```

例 3.12 利用 while 循环输出 0~10 的数字。

```c
#include <stdio.h>
int main()
{
    int count = 0;
    while(count <= 10){
        printf("%d",count);
        count++;
    }
    printf("\n");
    return 0;
}
```

在例 3.12 中，首先声明一个整型变量 count 并初始化为 0；然后使用 while 循环输出数字 0~10，每次循环都将 count 的值输出后递增，直到 count 值大于 10 退出循环；最后在循环外输出一个换行符并返回 0，表示程序执行成功。

例 3.13 利用 while 循环实现智能垃圾分类回收箱的状态监测程序。功能要求：通过模拟容量自动增大（固定增量+循环重置），判断垃圾分类回收箱的状态（满载或正常）。

```c
#include <stdio.h>
int main()
{
    int plastic_level=0;    //塑料类垃圾箱容量(0% 初始值)
    int paper_level=0;      //纸质类垃圾箱容量
    char admin_command;     //用户控制指令
    printf("===智能垃圾分类回收箱(简化版)===\n");
    printf("[输入'e'退出,输入其他开始监测]\n");
    scanf(" %c",&admin_command);
    while(admin_command!='e'){
        //模拟容量自动增大(固定增量+循环重置)
        plastic_level=(plastic_level+20)%110; //每次+20,超100%归零
        paper_level=(paper_level+15)%105;     //每次+15,超100%归零
        printf("\n---实时数据---\n");
        printf("塑料类垃圾箱:%d%%\n",plastic_level);
        printf("纸质类垃圾箱:%d%%\n",paper_level);
        //预警逻辑保持不变
        if(plastic_level>=90){
            printf("塑料类垃圾箱将满!通知回收车\n");
        }
        if(paper_level>=90){
            printf("纸质类垃圾箱将满!通知回收车\n");
        }
        if(plastic_level<90&&paper_level<90){
            printf("状态正常\n");
        }
        //用户控制继续还是停止
        printf("\n输入'e'停止,输入其他键继续...");
        scanf(" %c",&admin_command);
    }
    printf("\n===设备已离线===");
    return 0;
}
```

在例3.13中,利用while循环实现垃圾分类回收箱满载自动通知,循环条件由用户的输入决定,若输入'e'则结束循环。

3. do-while循环

【拓展视频】

C语言中的do-while循环是一种后测试循环结构,也就是至少执行一次循环体,循环的继续执行取决于条件表达式的结果。与while循环不同,do-while循环的条件测试位于循环体末尾,因此循环体在测试条件是否为真之前就已经执行了一次。必须将do-while循环中的条件表达式设计成最终评估为假,

以确保循环在某时刻终止。do – while 循环语句的流程图如图 3 – 5 所示。

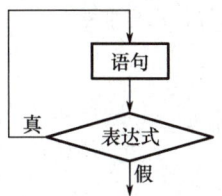

图 3 – 5　do – while 循环语句的流程图

do – while 循环语句的基本格式如下。

```
do{
    //循环体:至少执行一次代码
}while(条件表达式);
```

例 3.14　利用 do – while 循环输出数字 0 ~ 10。

```
#include <stdio.h>
int main()
{
    int count = 0;
    do{
        printf("%d",count);
        count + +;
    }while(count < =10);
    printf("\n");
    return 0;
}
```

在例 3.14 中，首先声明一个整型变量 count 并初始化为 0；然后使用 do – while 循环至少输出一次 0，由于 count 满足循环执行条件，继续输出 1 ~ 10，在循环体中先输出 count 值，再使 count 值递增，直到 count 值大于 10 退出循环；最后在循环外输出一个换行符并返回 0，表示成功执行程序。

例 3.15　利用 do – while 循环模拟 AI 健身镜的个性化训练系统。功能要求：用户至少完成一次训练后选择是否继续。

```
#include <stdio.h>
int main()
{
    int total_calories =0;        //累计消耗卡路里
    char user_choice;             //用户选择
    int session_count =0;         //训练组数
    const int BASE_CAL =50;       //每组基础消耗
    int difficulty;               //动态难度(1-简单,2-中等,3-困难)
    printf(" = = =AI 智能健身镜启动 = = = \n");
```

```
printf("佩戴心率带后按任意键开始训练...\n");
getchar();                  //等待用户准备
do{
    session_count++;
    //根据累计组数自动调整难度
    if(session_count<=2){
        difficulty=1;
    }else if(session_count<=4){
        difficulty=2;
    }else{
        difficulty=3;
    }
    //计算本组消耗(难度系数增大)
    int calories=BASE_CAL*difficulty;
    total_calories+=calories;
    //核心训练交互(必须至少执行一次)
    printf("\n第%d组训练开始!(难度%d级)\n",session_count,difficulty);
    printf("动作识别中...\n");
    printf("本组消耗:%d千卡\n",calories);
    printf("已完成!累计消耗:%d千卡\n",total_calories);
    //用户决策
    printf("\n继续下一组训练？(y/n):");
    scanf(" %c",&user_choice);   /* %c前面空格的作用是跳过输入缓冲区里可能存在的空白字符(特别是上一次输入后残留的回车),从而确保读取的是用户真正输入的有效字符*/
}while(user_choice=='y'||user_choice=='Y');
printf("\n===训练结束!数据已同步至健康App===\n");
return 0;
}
```

在例3.15中利用do-while循环"先执行,再判断"的控制特点,只有实现用户最低训练单元(1组动作)才允许循环结束。

4. 嵌套循环

【拓展视频】

在C语言中,嵌套循环(也称多重循环)是一种循环结构,其中一个循环语句(for语句、while语句或do-while语句)在另一个循环语句的内部。嵌套循环主要用于需要双重或多重迭代的情况,常用于多维度数据处理或矩阵遍历,如处理二维数组或输出乘法表。

嵌套循环语句的基本格式如下(以for循环为例)。

```
int i,j;
for(i=0;i<n;i++){
    for(j=0;j<m;j++){
        //嵌套循环体
    }
}
```

例 3.16 打印九九乘法表。

```c
#include <stdio.h>
int main()
{
    int i,j;
    for(i=1;i<=9;i++){
        for(j=1;j<=9;j++){
            printf("%d*%d=%d",i,j,i*j);
        }
        printf("\n");
    }
    return 0;
}
```

在例 3.16 中，通过嵌套的 for 循环生成九九乘法表。外层循环变量 i 控制行数，内层循环变量 j 控制列数。在内层循环中，输出 i*j 的结果，即第 i 行第 j 列的乘法结果，然后在每行输出完成后输出一个换行符，以输出下一行的结果。

例 3.17 利用循环嵌套实现智能仓储系统的空位检测程序。功能要求：实时统计全仓库可用容量，使操作人员可快速定位可用存储位置。

```c
#include <stdio.h>
#define SHELVES 3                  //仓库货架总数
#define BOXES_PER_SHELF 5          //每货架最大容量
int main()
{
    int shelf,box;                 //货架、包裹索引
    char admin_cmd = '1';          //系统指令(1-运行,0-关闭)
    printf("===空位检测系统===\n");
    while(admin_cmd == '1'){
        printf("\n---空位扫描开始---\n");
        int empty_count = 0;       //新增空位计数器
        for(shelf=0;shelf<SHELVES;shelf++){
            printf("\n货架%d空位:",shelf+1);
            for(box=0;box<BOXES_PER_SHELF;box++){
                //空位模拟
                int status = (shelf*2+box)%3;  //0=空,1或2=有货
                if(status==0){
                    printf("[%d号]",box+1);   //显示具体空货位
                    empty_count++;
                }
            }
        }
```

```
        //新增统计信息
        printf("\n\n当前总空位:%d",empty_count);
        printf("\n输入'0'关闭,输入其他重新扫描...");
        scanf("%c",&admin_cmd);
    }
    printf("\n = = =系统离线 = = =");
    return 0;
}
```

在例 3.17 中,外层 while 循环保持智能物流系统 24 小时值守,直到人为控制关闭;内层 for 循环用于扫描所有货架的所有包裹位,从而找到空位。

3.3.3 循环控制语句

循环控制语句是用于在循环结构中控制循环执行流程的关键工具。在 C 语言中,主要有 break 和 continue 两种循环控制语句。

1. break 语句

break 语句用于在循环中提前终止循环,并跳出循环体,执行循环后面的代码。break 语句可以在循环体内的任意位置。当执行到 break 语句时,立即退出循环,不再执行循环体内未执行的代码。break 语句常用于在满足某些条件时提前结束循环,或者在循环体内执行特定任务后立即退出循环,因此,break 语句需要与 if 语句配合使用。

例 3.18 用 break 语句实现循环控制。

```
#include <stdio.h>
int main()
{
int i;
for(i = 0;i < 10;i + + ){
    if(i = = 5){
        break;              //当i等于5时提前结束循环
    }
    printf("%d",i);
}
return 0;
}
```

在例 3.18 中,for 循环的循环条件是 i < 10,即当 i < 10 时循环继续。在循环体内部,首先检查 i 是否等于 5,如果 i 等于 5 就执行 break 语句结束循环;否则输出当前 i 的值。由于 break 语句在 i 等于 5 时执行,循环在此时终止,因此输出结果只包含 01234。

2. continue 语句

continue 语句用于跳过循环体内剩余的代码,直接执行下一次循环。continue 语句可以在循环体内的任意位置。当执行到 continue 语句时,跳过当前循环体内 continue 语句后面的代码，执行下一次循环。continue 语句常用于在满足某些条件时跳过本次循环，直接执行下一次循环。

例 3.19 用 continue 语句实现循环控制。

```
#include <stdio.h>
int main()
{
int i;
for(i=0;i<5;i++){
    if(i==2){
        continue;           //当 i 等于 2 时跳过本次循环
    }
    printf("%d",i);
    }
    return 0;
}
```

在例 3.19 中，for 循环的循环条件是 i<5，即当 i<5 时循环继续执行。在循环体内部，首先检查 i 是否等于 2，如果 i 等于 2 就执行 continue 语句，跳过本次循环的后续代码，直接执行下一次循环；否则输出当前 i 的值。由于 continue 语句在 i 等于 2 时执行，此时不再执行循环体内部的 printf 语句，而直接执行下一次循环。因此输出结果只包含 0134。

例 3.20 利用循环语句和 break 语句、continue 语句实现智能药盒的定时提醒服药程序。功能要求：制订多种药物的服药时间计划，能够根据预设时间触发提醒。

```
#include <stdio.h>
//模拟传感器检测(返回 0 表示未打开,返回 1 表示已打开)
int is_box_opened(){
    return 1;}                    //固定返回值简化演示
int main()
{
    char med_names[]={"降压药","维生素"};
    int next_times[]={5,10};      //下次服药时间(单位为秒)
    int taken[]={0,0};            //0 表示未服用,1 表示已服用
    int num_meds=2;
    int current_time=0;
    while(1){  /*while 后的条件表达式始终为真,表示硬件设备上电后一直处于工作状态,直
            到用户显式要求退出*/
        //遍历药物列表
         int i,count;
        for(i=0;i<num_meds;i++){
            if(taken[i]!=0) continue;
            if(current_time>=next_times[i]){
                printf("提醒:%s\n",med_names[i]);
```

```c
                    //10秒等待期
                    int opened = 0;
                    for(count = 0;count <10;count + +){
                        if(is_box_opened()! =0){
                            opened =1;
                            break; //检测到开盒即退出等待期
                        }
                    }
                    taken[i] = opened; //记录状态
                    printf(opened?"已服药 \n":"未响应 \n");/*若 opened 的值为 1 则输出"已服药",否则输出"未响应"*/
                }
            }
            current_time + +;
        }
        return 0;
    }
```

例 3.20 基于循环语句,结合硬件交互与逻辑控制模拟了智能药盒的核心功能。continue 控制的作用是如果已经服用某种药,就跳过提醒服用该药而检测下一种药,避免重复提醒,提升用户体验;break 语句配合药盒状态监测,若监测到药盒已经被打开(通过传感器)则等待期计时结束,可以在药盒误打开时立即关闭系统。

break 和 continue 两种循环控制语句能够灵活地控制循环的执行流程,使程序具有更强的逻辑性和灵活性。合理地运用 break 和 continue 语句可以使循环结构更清晰、更易理解。

3.3.4 循环结构的优化

编写循环结构时,需要特别关注一些注意事项,以保证程序的正确性和性能。

1. 避免无限循环

为了避免无限循环,应该确保循环条件最终为假,或者在循环体内使用 break 语句提前终止循环;也可以采用一些编程技巧或语句避免无限循环。例如,设置循环计数器或超时机制,当循环次数达到一定数量或执行时间超过设定阈值时强制结束循环。此外,还可以使用调试工具监测和调试程序,以便及时发现并修复无限循环问题。

2. 正确使用循环变量

正确使用循环变量关系到循环能否正确执行以及程序是否会出现逻辑错误。在使用循环变量前,要对其进行恰当的初始化,否则变量的值是未定义的,从而让循环产生不可预期的结果。循环变量的作用范围应该在循环内部,在循环体中,要避免意外修改循环变量。

3. 优化循环结构的技巧

在 C 语言中，优化循环结构是提高程序性能的重要手段，其技巧如下。

（1）减小循环内部的计算量。尽量减小循环内部的计算量，将循环外部可以完成的计算移出循环，从而有效减小程序的计算量，提高程序的运行速度。

（2）避免在循环内部调用函数。如果在循环中多次执行函数调用且函数体内没有循环，那么可以将函数的结果存储在循环外部。

（3）使用合适的循环控制变量。根据具体情况选择循环结构。如果循环次数已知，那么使用 for 循环通常比使用 while 循环合适。因为 for 循环的结构更清晰，循环变量的作用范围更明确，便于编程人员理解和维护代码。

（4）减少或消除循环内的 I/O 操作。因为 I/O 操作通常比内存操作和算术运算慢得多，所以在循环中频繁进行 I/O 操作会降低程序的运行速度。相反，将 I/O 操作移至循环外部或者尽可能减少循环内的 I/O 操作，可以减少系统调用的次数，从而提高程序的运行速度。

（5）展开循环。对于小循环，可以考虑手动展开循环以减少循环控制的开销，尤其是在编译器优化不足的情况下。

（6）使用缓存机制。对于重复计算的结果，使用变量缓存结果以避免重复计算。

（7）避免在循环中使用复杂的表达式。循环条件应该是简单的，避免使用复杂的表达式作为循环条件。

（8）使用位运算替代算术运算。因为位运算通常更快，所以在某些情况下，使用位运算（如位移）替代乘法或除法。

（9）使用 continue 和 break 语句。适当使用 continue 语句跳过当前迭代的剩余部分，使用 break 语句退出循环。

（10）优化循环嵌套。检查是否可以减少嵌套的层数，或重新排序循环以减少内部循环的迭代次数。

3.4 习题与实训

一、填空题

1. 在 C 语言中，至少执行一次循环体的循环结构是_____。
2. 在 C 语言中，用于跳出当前循环并执行循环后的代码的控制语句是_____。
3. 在 C 语言中，用于中断当前迭代并继续下一次迭代的控制语句是_____。
4. 在空白处填写代码，使得循环一直执行，直到用户输入的值大于 10。

```
int num;
do{
    printf("Enter a number:");
    scanf("%d",&num);
}while ____;
```

5. 在空白处填写代码，使得循环执行 10 次。

```
int i;
for(i=0;i<____;i++){
    printf("%d\n",i);
}
```

6. 在空白处填写代码，使得循环执行到条件不成立为止。

```
int x=5;
while(____){
    printf("%d\n",x);
    x--;
}
```

7. 在空白处填写代码，使得程序输出 1~10 的所有偶数。

```
int i;
for(i=1;i<=10;i++){
    ____(i%2==0){
        printf("%d\n",i);
    }
}
```

8. 在 C 语言中，处理多路分支最有效的结构是_____语句。

9. 在 switch-case 语句中，case 标签后的值必须是_____。

10. 表达式!(a<10||b>20) 可等价转换为 a>=10 _____ b<=20。

二、选择题

1. 下列关于 C 语言中的 if 语句，描述正确的是（　　）。
A. if 语句的条件表达式必须用括号括起来
B. if 语句的条件表达式中参与运算的操作数只能是整型
C. if 语句的条件表达式的结果必须是整型或浮点型
D. if 语句的条件表达式的结果必须是一个布尔值（true 或 false）

2. 下列（　　）运算符用于逻辑非操作。
A. &&　　　　B. !　　　　C. ||　　　　D. &

3. 下列关于 C 语言中的条件运算符（?:），说法正确的是（　　）。
A. 它是 C 语言中唯一的三目运算符　　B. 可以替代所有 if-else 语句
C. 优先级高于所有算术运算符　　D. 不能嵌套使用

4. 下列（　　）不是 C 语言中的流程控制语句。
A. for　　　　B. switch　　　　C. continue　　　　D. exit

5. 下列关于循环优化的说法正确的是（　　）。
A. for 循环比 while 循环的效率高　　B. 减少循环内的函数调用可提高性能
C. 循环展开会降低程序执行速度　　D. 循环次数越多，程序性能越好

三、实训

1. 物流订单费用计算器。

场景：某电商平台需自动计算订单运费，输入物品质量，规则如下：基础运费8元，商品质量每超过1kg加收3元（不足1kg按1kg计算），保价费按商品价值的1%收取。

2. 医疗BMI健康评估器。

场景：医院根据身高、体重计算BMI指数并输出健康建议。输入身高（m）和体重（kg），计算规则为BMI＝体重/身高^2。

3. 智能客服分流系统。

场景：银行客服系统根据用户语音输入关键词分配服务类别，任务规则如下。

① 含"转账"→转账业务。

② 含"挂失"→紧急服务。

③ 含"利率"→理财咨询。

④ 其他→人工服务。

4. 智能家居温控系统。

场景：根据室内温度自动调节空调模式，输入当前温度（℃），任务规则如下。

① 温度＞28℃：制冷模式。

② 18℃≤温度≤28℃：节能模式。

③ 温度＜18℃：制热模式。

5. 电力系统负荷峰值监测。

场景：持续录入每小时用电负荷（kW），统计日峰值负荷，任务规则如下。

① 循环输入24小时的负荷，记录最大值并输出。

② 当输入的负荷为负数时，提示错误并重新输入。

6. 物联网设备数据采集与异常检测。

场景：对工业物联网（IIoT）中的传感器数据实时监控，任务规则如下。

① 使用while循环模拟持续采集10个温度传感器数据（随机生成0～100℃）。

② 统计超过阈值（如60℃）的传感器编号及次数。

③ 若连续3次采集到同一传感器超温，则触发警报（输出提示）。

参考答案

一、填空题

1. do...while 2. break 3. continue 4. num＜＝10 5. 10 6. x＞0（答案不唯一）
7. if 8. switch 9. 常量表达式 10. &&

二、选择题

1. A 2. B 3. A 4. D 5. B

【在线答题】

【在线答题】

【在线答题】

第 4 章 函数与模块化开发

函数是 C 语言程序设计理念的核心。在前面章节中已经出现过 printf 函数、scanf 函数等，它们是 C 语言编译系统提供的库函数，用户可以直接调用。虽然 C 语言提供了丰富的库函数，但是主要依靠用户建立自己定义的函数实现程序。

4.1 函数的定义与函数原型的声明

函数在程序中扮演着至关重要的角色，它是一段相对独立的代码块，具有特定的功能，可在需要时被程序的其他部分调用执行。

【拓展视频】

C 语言源程序是由函数组成的。函数是 C 语言源程序的基本组成单位，调用函数模块可以实现特定的功能。用户可以把自己的算法编写成一个个相对独立的函数模块，然后用函数调用的方式来使用函数。可以说 C 语言程序的全部工作都是由各类函数完成的，因此 C 语言又称函数式语言。

4.1.1 函数的定义

在 1.3.1 部分简单介绍过函数的定义形式。当定义一个函数时，需要确立 4 个关键要素：函数名、函数类型、函数的参数以及函数体。函数可以分为函数声明和函数定义两部分。函数声明包括返回类型、函数名称和参数列表，用于向程序的其他部分表明函数的存在和使用方法；函数定义包含函数体，即实际执行的代码块，其定义了调用函数时具体执行的操作和逻辑，用户可以有效地组织和管理函数，保证程序的模块化和可维护性。

函数定义的基本格式如下。

```
函数类型声明  函数名(形式参数列表)
{
    函数体
}
```

1. 函数名

函数名是用户自定义的标识符，用于标识和调用特定的函数。函数名应符合 C 语言标识符的命名规则，但更重要的是要确保函数名直观地反映函数的预期功能，不仅有助于提升代码的可读性，还能使用户在阅读和理解代码时更加轻松。

2. 函数类型

函数类型指定了函数返回给调用者的数值的数据类型，也就是定义了函数返回值的性质和格式。它反映了函数执行完毕后提供给程序的信息的特定类型。在编程中，函数类型可以涵盖广泛的数据类型，如整数（int）、字符（char）、浮点数（float、double）等，这取决于该函数的功能及执行结果的数据类型。每个函数都只能返回一个值,这个值的类型由函数声明和函数定义中的返回值类型决定。如果函数不需要返回值,就可以使用关键字 void 声明,表示函数执行完毕后不产生返回值。因此,函数类型不仅可以指导编程人员在使用函数时处理返回值的方式,还可以保证代码的可靠性和可维护性,因为它明确了函数与其他部分的接口和数据交换的规则。

3. 函数的参数

在函数定义中,必须明确指定形式参数的类型、数量和顺序,以保证函数执行时正确地接收和处理传递过来的数据。在形式参数列表中,各参数之间由逗号分隔,每个形式参数都必须单独说明类型,不能像变量声明一样用一个类型说明符说明多个变量。有些函数不需要接收参数,这种函数称为无参函数。有些函数需要接收一个或多个参数,这种函数称为有参函数。由于有参函数能够更灵活地处理不同的数据,因此在不同的调用情景下能够完成不同任务。

【拓展视频】

【拓展视频】

函数的参数是函数调用与函数执行的桥梁,形式参数的明确定义确保了函数调用时正确地接收实际参数,并且在执行过程中按照预期方式处理这些数据。函数参数的类型、数量、顺序的一致性保证了程序的正确性和可靠性,使得函数在不同的调用情景下都能正常执行。

4. 函数体

函数体是函数定义中的核心部分,它在函数声明后面,被大括号括起来。函数体包含实现函数具体功能的不同语句和逻辑,这些细节决定了函数的执行方式和执行结果。当函数被调用时,程序首先执行函数体中的第一条语句;然后按照语句的顺序依次执行,直到遇到 return 语句或者执行完最外层的大括号;最后将执行结果返回给调用函数。

函数体可以包含不同类型的语句,如赋值语句、条件语句、循环语句等,以实现相应的功能。然而,在一个函数内部不能定义另一个函数。

函数体是函数功能实现的具体体现,决定了函数响应调用并处理输入数据的方式。函数体中的语句顺序和逻辑的正确性直接影响函数的执行结果及程序的整体效果。因此,编写清晰、逻辑严谨的函数体有利于保证程序的正确性和可维护性。

例 4.1 分别定义有参函数和无参函数。

```c
#include <stdio.h>
//1:定义一个无返回值、无参数的函数
void greet(){
    printf("Hello!Welcome to learn C functions!\n");}
//2:定义一个有参数和返回值的函数
int add(int a,int b){        //a 和 b 是形式参数
    return a+b;              //返回两个数的和
}
int main()
```

```
{
    //调用无参函数
    greet();                    //直接调用,不需要参数

    //调用有参函数
    int num1 = 3;
    int num2 = 5;
    int sum = add(num1,num2); //将3和5作为实际参数传递
    printf("%d + %d = %d\n",num1,num2,sum);
    return 0;
}
```

在例 4.1 中定义了无参函数 greet,该函数类型为 void,即没有返回值,函数体中没有 return 语句;函数 add 为有参函数且有返回值,返回值的类型为 int 型。

若省略函数类型,如

```
#include <stdio.h>
main()
{
printf("Hello!\n");
return 0;
}
```

则函数类型默认为 int 型。

4.1.2 函数原型的声明

【拓展视频】

在编写 C 语言程序的过程中,函数的定义既可以在函数调用之前,又可以在函数调用之后。当函数定义在函数调用之后时,为确保编译器在调用时准确识别并正确应用该函数,必须在函数调用之前声明函数原型。此声明包含函数的名称、参数列表、返回类型等关键信息,其作用是向编译器提供关于函数的必要描述。

函数原型的声明保证了编译器在编译过程中实现严格的类型检查和参数匹配。编译器根据函数原型提供的信息验证函数调用的正确性,包括检查函数名是否正确、参数的类型和数量是否匹配以及返回值类型是否符合预期。

如果将函数定义放在调用函数之前,就可以省略函数原型的声明。因为编译器编译时先读取函数的定义,从而获取到关于函数的所有必要信息。在这种情况下,编译器可以在编译过程中直接匹配函数定义与函数调用,而无须额外的声明信息。

例 4.2 如果将例 4.1 中的主函数放在前面,那么需要先声明函数原型。

```
#include <stdio.h>
//函数原型声明(告诉编译器函数的存在)
void greet();                       //无参数、无返回值函数的原型
```

```c
int add(int,int);                    //有参数和返回值函数的原型(参数名可省略)
int main()
{
    //调用无参函数
    greet();                         //实际函数定义在main下方

    //调用有参函数
    int num1 = 7;
    int num2 = 8;
    int sum = add(num1,num2);        //实际函数定义在main下方

    printf("%d + %d = %d\n",num1,num2,sum);
    return 0;
}
//-----------将实际函数定义在main函数之后-----------
//greet函数的完整定义
void greet(){
    printf("Hello from function prototype example!\n");}
//add函数的完整定义
int add(int a,int b){
    return a + b;}
```

4.2 函数的调用及参数传递

函数的参数在调用函数与被调用函数之间传递数据至关重要。前面介绍过在被调用函数定义中的参数称为形式参数，简称形参。从调用函数到被调用函数传递的值称为实际参数，简称实参。这样区分有助于理解数据在函数调用过程中的流动。理解两个概念的差异对正确理解函数传递和处理数据的方式非常重要。

【拓展视频】

4.2.1 形参与实参

形参与实参通过位置和类型匹配，以保证数据传递和函数行为正确。形参出现在函数定义中，在整个函数体内都可以使用，若离开该函数则不可用，属于函数内部的局部变量。这意味着形参的作用域仅限于函数内部，在函数执行期间有效。实参出现在函数调用中，其进入被调用函数后，实参变量不可用。实参的作用域在函数调用时生效，用来初始化形参，实现数据的传递。实参在每次函数调用时都可以是不同的具体数值或变量，从而灵活地影响被调用函数的行为。实参可以是常量、变量、表达式或者函数调用的返回值。

例4.3 定义求和函数 add。

```
void add(int a,int b){    //该函数没有返回值,其中 a 和 b 是形参
    int sum;
    sum = a + b;
    printf("Sum:%d\n",sum);
}
```

在函数 add 的定义中,a 和 b 是形参。

例 4.4 调用例 4.3 中的 add 函数。

```
int main()
{
    int x = 5,y = 3;
    add(x,y);         //x 和 y 是实参
    return 0;
}
```

在调用函数 add(x,y)中,x 和 y 是实参,其值被分别传递给 add 函数的形参 a 和 b。在函数执行过程中,形参 a 和 b 的值分别为 5 和 3,从而计算出 a 与 b 的和。

在 C 语言中,参数传递的严格性保证了程序运行时的可靠性和稳定性。保证实参与形参的一致性,可以避免由参数错误导致的运行错误或未定义行为[未定义行为(undefined behavior)是指 C 语言标准未对这种操作的结果作出任何规定,程序运行结果可能完全不可预测]。例如,可以用函数定义接收多个不同数据类型的参数。

```
void exampleFunction(int a,float b,char c){
    //函数体
}
```

exampleFunction 函数接收一个整数 a、一个浮点数 b 和一个字符 c 作为参数。调用该函数时,需要按照定义的顺序传递相应类型的参数。

例 4.5 调用上述 exampleFunction 函数。

```
int main()
{
    int x = 10;
    float y = 3.14;
    char z = 'A';
    exampleFunction(x,y,z);    //函数调用作为独立语句
    return 0;
}
```

调用函数 exampleFunction(x,y,z)时,变量 x、y 和 z 分别被传递给函数 exampleFunction 的参数 a、b 和 c。

在 C 语言中,按照函数参数列表中的声明顺序传递多个函数,以确保传递的参数类型

和数量与函数定义匹配。因此，当函数需要多个参数时，要注意实参和形参的数量、类型、顺序严格一致。

4.2.2 函数调用的方式

函数调用的一般形式如下。

函数名(实际参数列表)

若调用无参函数，则可以没有"实际参数列表"，但圆括号不能省略，圆括号是函数的标志。

在 C 语言中。可以用以下三种方式调用函数。

（1）作为表达式。函数作为表达式的一部分，以函数返回值参与表达式的运算，如 sum = add(a,b)。

（2）作为独立语句。C 语言中的函数可以只进行某些操作而不返回值，此时调用函数可作为一条独立的语句，如 greet()。

（3）作为函数实参。函数作为另一个函数调用的实参，即把该函数的返回值作为实参传递，因此要求该函数有返回值。例如 printf("%d\n",max(a,max(b,c)),max(b,c)) 函数的返回值作为外层 max 函数的参数，外层 max 函数的返回值又作为 printf 函数的参数。

4.3 函数返回值

在 C 语言中，函数返回值是指函数执行后返回给调用者的值。函数的返回值传递了函数在执行过程中产生的结果，供其他部分的程序使用。函数在程序中扮演模块化和封装的角色，它们接收输入（参数）、执行特定的任务，并可能产生输出（返回值）。

【拓展视频】

如果要返回调用函数的值，就需要使用 return 语句。返回值的类型由定义函数时的函数类型决定，即函数的类型定义了函数可以返回的数据类型，具体如下。

（1）基本类型。基本类型有 int、float、double、char 等，直接存储数据值。

（2）结构体。允许函数返回复合数据类型，通过定义结构体组织和返回多个相关数据项。

（3）指针类型。函数可以返回指向其他数据的指针，如返回指向数组或动态分配的内存的指针。

return 语句的基本格式有"return 表达式;"和"return（表达式);"两种。

有时函数不需要返回值，可以使用 void 关键字声明函数的返回值类型。这种函数通常用于执行操作，而不产生直接的返回结果。

例 4.6 利用 return 语句改写例 4.3 中的函数。

```
#include <stdio.h>
int add(int a,int b){        //该函数的返回值类型为 int 型
    int sum;
    sum = a + b;
    return sum;
}
int main()
```

```
{
    int x=5,y=3,z;
    z=add(x,y);
    printf("Sum:%d\n",z);
    return 0;
}
```

例 4.7 到目前为止，人们还没有找到一个公式可以求出所有素数。如今可以借助计算机，用程序设计语言编程来验证一些素数。2016 年，通过计算机程序验证的最大素数长达 2233 万位。其中，孪生素数是相差 2 的一对相邻素数，如 3 和 5、5 和 7、11 和 13、41 和 43 等。数学界存在一个推测"存在无穷多对孪生素数"，这被认为是古老的数学问题，由希腊数学家欧几里得提出。

要求：编写程序，输出 100 以内的所有孪生素数。

根据素数定义，列举从 2 开始到小于其自身（设为 n）的整数，并判断列举的数能否整除 n。若其中一个能够整除 n，则 n 不是素数，否则是素数。寻找孪生素数时，需要判断相邻两个奇数是不是素数，两次判断的功能相同。为避免重复编写代码，可以单独编写这部分功能，只需引用函数名和相应的参数即可。

```
#include <stdio.h>
#include <stdbool.h>        //bool 数据类型不是内置数据类型,在 stdbool 函数库中
bool IsPrime(int n);        /*声明自定义函数,函数类型为布尔型,该数据类型只有 ture 和 false
                              两个值,即 1 和 0*/
int main()
{
int m;
for(m=2;m<100;m++)                      //枚举要判断的自然数
{if(IsPrime(m)&&IsPrime(m+2))           //调用 IsPrime 函数
 printf("(%d,%d) \n",m,m+2);            //输出孪生素数
}
return 0;
}
bool IsPrime(int n)                     //编写自定义函数
{
    bool f=1;                           //初始化布尔型变量值为 1
    int i;
    for(i=2;i<n;i++)                    //枚举要整除的 i
        if(n%i==0)                      //判断能否被整除
        {
            f=0;                        //标记不是素数
            break;
        }                               //跳出循环,不再尝试
    if(i==n)f=1;                        //一直没有被整除,是素数
```

```
        return f;                    //返回函数值,表明是不是素数
    }
```

上述程序由主函数 main( ) 和自定义函数 IsPrime(int n) 构成。其中自定义函数的函数返回值为布尔型,1 表示是素数,0 表示不是素数。在主函数中两次调用函数 IsPrime( ),分别判断 m 和 m + 2 是不是素数,使用逻辑运算符"&&"连接。例 4.7 的运行结果如图 4 - 1 所示。声明自定义函数时,不要忘记在行尾加分号;定义函数时,不能在行尾加分号。

图 4 - 1　例 4.7 的运行结果

4.4　函数的嵌套调用与递归调用

在 C 语言中,函数是独立定义的,不能嵌套定义,也就是说,一个函数的定义不能放在另一个函数的内部。但是,C 语言允许在一个函数中调用另一个函数(嵌套调用)或自我调用(递归调用)。

4.4.1　函数的嵌套调用

在 C 语言中,函数嵌套调用通常是指在一个函数的执行过程中调用另一个函数,被调用函数执行完毕后,回到原来的函数继续执行。

【拓展视频】

函数的嵌套调用过程如图 4 - 2 所示,程序从 main 函数开始执行,执行到调用 fun1 函数的语句时转去执行 fun1 函数,在 fun1 函数中调用 fun2 函数时转去执行 fun2 函数,fun2 函数执行完毕后返回 fun1 函数的断点处继续执行 fun1 函数断点后的语句,fun1 函数执行完毕后返回 main 函数的断点处继续执行后续语句。

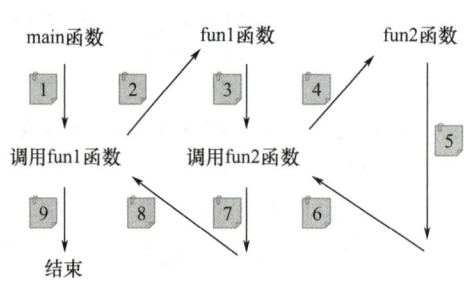

图 4-2　函数的嵌套调用过程

图 4-2 反映了函数嵌套调用的特性：在执行过程中，程序可以转去执行其他函数，再返回原来的调用点，实现了复杂的控制流程和逻辑。

函数的嵌套调用在 C 语言中非常重要，是实现复杂程序功能的基础，类似于计算机系统或微处理器中的中断处理，CPU 暂停执行当前程序，转去执行中断服务程序，处理后返回原来的程序。

例 4.8 函数的嵌套调用示例。

```c
#include <stdio.h>
int add(int a,int b){
    return a+b;}              //定义 add 函数,用于计算两个数的和
int multiply(int x,int y){    //定义 multiply 函数
    int sum=add(x,y);         //调用 add 函数先求和
    return sum*2;}
int main()
{
    int result=multiply(3,4);
    printf("结果是:%d\n",result);
    return 0;
}
```

在例 4.8 中，在 multiply 函数内部调用了 add 函数。先计算输入参数的和，再将参数和乘以 2 返回。在 main 函数中调用 multiply 函数并输出结果。由于 add 函数和 multiply 函数在 main 函数的前面，因此不需要声明函数，即函数定义起函数声明的作用。

4.4.2　函数的递归调用

【拓展视频】

在 C 语言中，函数的递归调用指的是函数在其内部调用自身的过程，即函数在执行过程中重复调用自身。

在程序执行过程中，如果一个函数在执行过程中直接或间接地调用自身，就可以称为递归调用。

递归调用可以分为直接递归调用和间接递归调用。

（1）直接递归调用。在函数体内部直接调用自身称为直接递归调用，例如，在计算阶乘的函数中，fun 函数会直接调用自身，如图 4-3 所示。

（2）间接递归调用。函数 fun1 调用函数 fun2，而函数 fun2 又调用函数 fun1，如图 4-4 所示，这是典型的间接递归调用。

图 4-3　直接递归调用

图 4-4　间接递归调用

无论是直接递归调用还是间接递归调用，都需要满足递归的两个核心条件——基准情况和递归步骤。

（1）基准情况。递归函数中必须至少包含一个基准情况，即终止条件。当满足终止条件时，不再递归，从而避免无限递归（没有终止条件的递归）。

（2）递归步骤。递归函数中包含的是问题规模缩小后的自身调用，每次递归都在问题规模上取得进展，直到达到基准情况。

递归调用通常用于解决可以分解为相似子问题的问题，函数在每次调用中都解决一个规模更小的子问题，直到达到终止条件，如计算阶乘、斐波那契数列等。递归调用可以使代码更简洁、更易读，但需要注意避免无限递归，否则导致程序崩溃或陷入无限循环。

例 4.9　求解两个整数的最大公约数。求解最大公约数的方法有很多种，其中适合使用编程实现的是辗转相除法（又称欧几里得算法）。两个正整数 m 和 n（$m > n$）的最大公约数等于 m 除以 n 的余数 r 与 n 的最大公约数。简单来说，求解过程就是辗转相除→当余数为零→得到结果。

例如：在整数对（182，21）中，182 除以 21 的余数是 14，因此 182 和 21 的最大公约数和整数对（21，14）的最大公约数相同；同理，整数对（21，14）的最大公约数和整数对（14，7）的最大公约数相同；最后得出整数对（14，7）的最大公约数为 7。所以，整数对（182，21）的最大公约数也是 7。辗转相除法的流程图如图 4-5 所示。

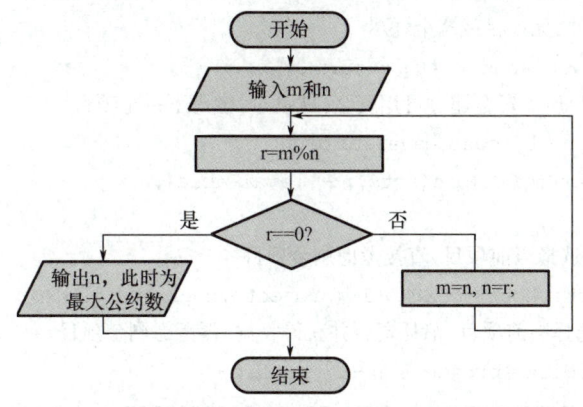

图 4-5　辗转相除法的流程图

具体程序为如下。

```c
#include <stdio.h>
int gcd(int m,int n)  //定义gcd函数
{
  int ans;
  if(m% n = =0)
     ans = n;
  else
     ans = gcd(n,m% n);
  return ans;
}
  int main()
{
    int a,b;
    printf("请输入a,b的值:");
    scanf("%d,%d",&a,&b);
    printf("%d与%d的最大公约数为:%d",a,b,gcd(a,b));
}
```

例4.10 通过递归调用实现创业模拟决策工具。功能要求：为创业者计算在有限的启动资金下，如何选择投资项目组合获得最大收益。

```c
#include <stdio.h>
//定义投资项目结构体(每个项目都需要资金和预期收益),结构体类型为Project
struct Project {
    int cost;     //所需资金
    int profit;   //预期收益
};
//递归函数:计算可用资金下的最大收益
int maxProfit(struct Project projects[],int n,int available){
    //递归终止条件:无项目或资金耗尽
    if(n = =0||available < =0) return 0;
    //如果当前项目所需资金超过可用资金,就跳过,考虑下一个项目
    if(projects[n-1].cost >available){
        return maxProfit(projects,n-1,available);
    }else{
      //情况1:不选择当前项目,直接考虑剩余项目
      int profitWithout = maxProfit(projects,n-1,available);
      //情况2:选择当前项目,消耗资金并获得收益,再考虑剩余项目
      int profitWith = projects[n-1].profit +
      maxProfit(projects,n-1,available-projects[n-1].cost);
      //返回两种情况的较大值(核心决策逻辑)
return(profitWith >profitWithout)? profitWith:profitWithout;
```

```
    }
int main()
{
    //模拟创业者拥有的3个潜在投资项目
    struct Project projects[] = {
        {50,60},    //项目1:所需资金50万,预期收益60万
        {30,40},    //项目2:所需资金30万,预期收益40万
        {20,30}     //项目3:所需资金20万,预期收益30万
    };
    int totalFunds = 70;  //创业者的总资金为70万
    int numProjects = sizeof(projects)/sizeof(projects[0]);
    //计算最优收益
    int optimal = maxProfit(projects,numProjects,totalFunds);
    printf("最佳决策下的总收益:%d 万元\n",optimal);
    return 0;
}
```

在例4.10中，递归函数的终止条件是无项目可投资（n = =0）或资金耗尽（available < = 0），对每个项目进行选择或不选择的分支探索，通过递归返回最优收益路径。

4.5 标准库中的常用函数

C语言的标准库是C语言提供的一组预定义的函数和常量集合，这些函数和常量旨在提供通用的基本功能支持，使编程人员能够更方便地编写和执行C语言程序。标准库通常由编译器的实现者提供，并且根据C语言的ISO标准定义，确保在不同的平台和编译器下具有一致的行为与功能。

在C语言的标准库中，通常在特定的标准头文件中说明和声明函数、类型、宏。在使用相应函数或者宏之前，需要包含适当的头文件，以便编译器正确识别和处理相应的函数调用或符号。标准库包含输入/输出、数学运算、内存操作、字符串操作、时间操作、文件操作、随机数生成、排序算法等。通过标准库，用户在编写C语言程序时能够快速且跨平台地访问这些常用的功能，而无须重新实现。

4.5.1 输入/输出函数

前面提到过输入/输出语句是程序设计中的关键部分。第3章介绍了输入/输出标准库stdio中常用的printf函数和scanf函数，下面介绍其他函数的使用方法。使用以下函数时，需要将#include <stdio.h>放在程序的开头。

1. putchar 函数

函数原型如下。

```
int putchar(int c);
```

其中，c 为要输出的字符，虽然它的数据类型是 int，但实际上传递的是字符的 ASCII 码。

功能：将单个字符 c 输出到标准输出（stdout）。

返回值：返回写入的字符 c（成功）或 EOF（读取失败）。

示例如下。

```
#include <stdio.h>
int main()
{
    char ch;
for(ch='A';ch<='Z';ch++){
        putchar(ch);
    }
    putchar('\n');
    return 0;
}
```

此程序通过循环，使用 putchar 函数依次输出大写字母 A ~ Z。

2. getchar 函数

函数原型如下。

```
int getchar(void);
```

getchar 函数没有参数，调用时无须传递任何值。

功能：从标准输入读取一个字符。

返回值：返回读取字符的 ASCII 码或者 EOF（读取失败或者到达文件结尾）。

示例如下。

```
#include <stdio.h>
int main()
{
    char ch;
    int count=0;
    printf("请输入一些字符:");
    while((ch=getchar())!='\n'){
        count++;
    }
    printf("你输入了%d个字符.\n",count);
    return 0;
}
```

此程序通过 getchar 函数不断读取字符，直到遇到换行符 '\n'，统计输入的字符数并输出。

3. puts 函数

函数原型如下。

```
int puts(const char *s);
```

功能：将字符串 s 以及一个换行符输出到标准输出。
返回值：如果成功就返回非负值，否则返回 EOF。
示例如下。

```
#include <stdio.h>
int main()
{
    puts("Hello,World!");
    puts("Hello,C!");
    return 0;
}
```

此程序分两行输出"Hello, World!"和"Hello, C!"，如图 4-6 所示。

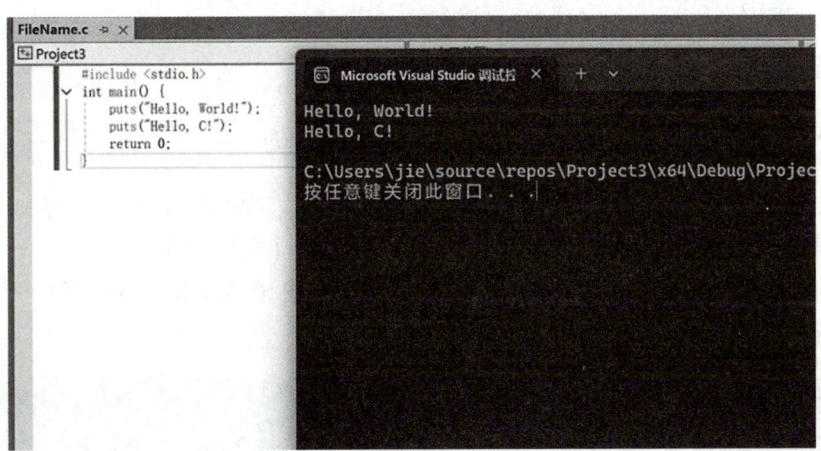

图 4-6　puts 函数示例的运行结果

4. gets 函数

函数原型如下。

```
char *gets(char *s);
```

功能：从标准输入读取一行文本，并存储到字符串 s 中。
返回值：返回参数 s，如果发生错误或者到达文件结尾就返回 NULL。
说明：已经不推荐使用 gets 函数，因为它不检查输入边界，存在安全风险。
示例如下。

```c
#include <stdio.h>
int main()
{
    char str[100];
    printf("请输入一个字符串:");
    gets(str);
    printf("你输入的字符串是:%s\n",str);
    return 0;
}
```

此程序通过 gets 函数从标准输入读取一行字符串,并存储到字符数组 str 中,然后输出该字符串。

由于 gets 函数无法限制输入字符串的长度,因此可能导致缓冲区溢出,存在安全风险。在现代 C 语言编程中,不推荐使用 gets 函数,而应该使用更安全的函数(如 fgets 函数)从文件中读取数据。

在学习与文件相关的输入/输出操作之前,介绍用于打开文件和关闭文件的函数 fopen 和 fclose。

5. fopen 函数

函数原型如下。

```c
FILE *fopen(const char *filename,const char *mode);
```

功能:打开文件 filename,根据 mode 指定打开方式,如"r" "w" "r+"等。
返回值:返回指向文件的指针(成功)或者 NULL(发生错误)。
说明:fopen 函数用于打开文件,可以指定打开方式(如读取、写入等)。
示例如下。

```c
#include <stdio.h>
int main()
{
    FILE *fp;
    fp = fopen("input.txt","r");
    if(fp == NULL){
        perror("Error opening file");
        return -1;
    }
    //可以在这里读取文件
    fclose(fp);
    return 0;
}
```

此程序以只读方式打开名为"input.txt"的文件,如果打开失败就输出错误信息。

6. fclose 函数

函数原型如下。

```
int fclose(FILE *stream);
```

功能：关闭文件流 stream。
返回值：如果成功关闭文件流就返回 0；如果关闭失败就返回非零值。
示例如下。

```c
#include <stdio.h>
int main()
{
    FILE *fp;
    fp = fopen("output.txt","w");
    if(fp == NULL){
        perror("Error opening file");
        return -1;
    }
    //可以在这里写入文件
    fclose(fp);
    return 0;
}
```

此程序以只写方式打开名为"output.txt"的文件，如果文件不存在就创建该文件。fclose(fp);语句的作用是关闭已打开的文件流并释放相关资源。建议在文件操作中养成"谁打开，谁关闭"的习惯。

7. fgets 函数

函数原型如下。

```
char *fgets(char *s,int size,FILE *stream);
```

功能：从文件流 stream 读取最多（size-1）个字符到字符串 s，并在末尾添加'\0'。
返回值：返回成功读取的字符串 s 或者 NULL（发生错误或到达文件末尾）。
说明：fgets 函数用于安全地从文件中读取一行文本，当遇到换行符或者文件结束时停止。
示例如下。

```c
#include <stdio.h>
int main()
{
    char str[100];
    printf("请输入一个字符串:");
    fgets(str,sizeof(str),stdin);
    //去除可能存在的换行符
    if(str[strlen(str)-1] == '\n'){
        str[strlen(str)-1] = '\0';
```

```
    }
    printf("你输入的字符串是:%s\n",str);
    return 0;
}
```

此程序通过 fgets 函数从标准输入（通常键盘输入）读取一行字符串到字符数组 str 中。stdin 指的是标准输入。

8. fputs 函数

函数原型如下。

```
int fputs(const char *s,FILE *stream);
```

功能：将字符串 s（不包括末尾的 null 字符 '\0'）写入文件流 stream。
返回值：如果成功就返回非负值，否则返回 EOF。
说明：fputs 函数与 puts 函数功能类似，但它不会在输出字符串后自动添加换行符。
示例如下。

```
#include <stdio.h>
int main()
{
    FILE *fp;
    fp = fopen("test.txt","w");
    if(fp = = NULL){
        perror("Error opening file");
        return -1;
    }
    fputs("This is a test line written using fputs.\n",fp);
    fclose(fp);
    return 0;
}
```

此程序首先通过 fopen 函数打开一个名为"test.txt"的文件用于写入，若文件不存在则系统创建该文件；若文件已存在则清空文件原有内容。然后使用 fputs 函数将指定的字符串写入文件；最后关闭文件。

9. fprintf 函数

函数原型如下。

```
int fprintf(FILE *stream,const char *format,...);
```

功能：根据格式化字符串 format 将数据输出到文件流 stream。
返回值：返回输出的字符数（成功）或负值（失败）。
说明：fprintf 函数类似于 printf 函数，但输出到指定的文件流中。

示例如下。

```
#include <stdio.h>
int main()
{
    FILE *fp;
    fp=fopen("output.txt","w");
    if(fp==NULL){
        perror("Error opening file");
        return -1;
    }
    int num=42;
    char str[]="Hello";
    fprintf(fp,"The number is %d and the string is %s.\n",num,str);
    fclose(fp);
    return 0;
}
```

此程序首先打开一个名为"output.txt"的文件，用于写入；然后使用 fprintf 函数将一个整数和一个字符串以特定的格式写入文件；最后关闭文件。

10. fscanf 函数

函数原型如下。

```
int fscanf(FILE *stream,const char *format,...);
```

功能：从文件流 stream 读取数据，并根据格式化字符串 format 将数据转换并存储。
返回值：返回成功匹配和赋值的输入项数。
示例如下。

```
#include <stdio.h>
int main()
{
    FILE *fp;
    fp=fopen("data.txt","r");
    if(fp==NULL){
        perror("Error opening file");
        return -1;
    }
    int num;
    char str[50];
    fscanf(fp,"%d %s",&num,str);
    printf("Number:%d,String:%s\n",num,str);
    fclose(fp);
    return 0;
}
```

此程序首先打开一个名为"data.txt"的文件用于读出；然后从文件中读取一个整数和一个字符串，并输出到控制台（默认是显示器）；最后关闭文件。

4.5.2 字符与字符串函数

字符和字符串处理是 C 语言中的常见问题，其在科技创新中有广泛应用。例如，在大数据分析中，字符和字符串处理可以用于数据的清洗、分类、聚类。经过分析，可以从大量文本数据中提取关键信息，如对用户评论、社交媒体帖子等进行情感分析，了解用户的需求和反馈。在智能家居和物联网设备中，字符和字符串处理用于设备之间的通信及控制。智能音箱通过识别用户的语音指令（字符串）执行相应操作，如播放音乐、查询天气等。因此，在自然语言处理、信息检索与数据分析、安全与加密等领域，字符和字符串处理都具有重要的意义。

使用字符函数时，需要把#include <ctype.h>放在程序开头。常用的字符处理函数见表 4-1。

表 4-1 常用的字符处理函数

函数名	函数原型	功能及返回值
isalpha	int isalpha(int ch)	检查字符是否为字母（a~z，A~Z）。 若参数是一个字母则返回非零值（true），否则返回 0（false）
isdigit	int isdigit(int ch)	检查字符是否为数字（0~9）。 若参数是一个数字则返回非零值（true），否则返回 0（false）
isalnum	int isalnum(int ch)	检查字符是否为字母或数字。 若参数是一个字母或数字则返回非零值（true），否则返回 0（false）
isspace	int isspace(int ch)	检查字符是否为空白字符（空格、换行、制表符等）。 若参数是一个空白字符则返回非零值（true），否则返回 0（false）
isupper	int isupper(int ch)	检查字符是否为大写字母。 若参数是一个大写字母则返回非零值（true），否则返回 0（false）
islower	int islower(int ch)	检查字符是否为小写字母。 若参数是一个小写字母则返回非零值（true），否则返回 0（false）
tolower	int tolower(int ch)	将大写字母转换为小写字母。 返回转换后的小写字母，若参数不是大写字母则返回原始字符
toupper	int toupper(int ch)	将小写字母转换为大写字母。 返回转换后的大写字母，若参数不是小写字母则返回原始字符

例4.11　开发一个简单的命令行文本分析工具,该工具可以分析用户输入的一段文本,并统计其中字母、数字、空白字符、大写字母的数量;同时将文本中的大写字母转换为小写字母,将小写字母转换为大写字母,其他字符保持不变,并输出转换后的文本。

```c
#include <stdio.h>
#include <ctype.h>
int main()
{
    char text[1000];
    printf("请输入一段文本:");
    fgets(text,sizeof(text),stdin);   //利用fgets函数从键盘输入字符串
    int i;
    int alphaCount = 0;
    int digitCount = 0;
    int spaceCount = 0;
    int upperCount = 0;
    printf("转换后的文本:");
    for(i =0;text[i]! = '\0'; i ++){
        if(isalpha(text[i])){
            alphaCount ++;
            if(isupper(text[i])){
                upperCount ++;
                text[i] = tolower(text[i]);
            }else{
                text[i] = toupper(text[i]);
            }
        }else if(isdigit(text[i])){
            digitCount ++;
        }else if(isspace(text[i])){
            spaceCount ++;
        }
        putchar(text[i]);
    }
    printf("\n字母数量:%d\n",alphaCount);
    printf("数字数量:%d\n",digitCount);
    printf("空白字符数量:%d\n",spaceCount);
    printf("大写字母数量:%d\n",upperCount);
    return 0;
}
```

例4.11将多个字符判断函数综合运用在一个实际的应用场景中,不仅可以实现字符统计功能,还可以实现文本转换操作,提高了程序的实用性。

字符处理函数适用于文本处理、数据处理及用户输入验证等领域。例如，当用户注册或填写表单时，可能需要验证用户输入的用户名、密码等。

（1）使用 isalpha 函数、isdigit 函数、isalnum 函数检查用户名是否只包含字母，不包含数字或特殊字符。如果用户名只允许包含字母，就可以遍历用户输入的字符串中的每个字符，使用相应函数判断。如果发现有非字母字符，就提示用户输入错误。可以使用上述函数结合其他验证方法保证密码的复杂性。例如，可以要求密码既包含字母又包含数字或特殊字符，以提高安全性；处理文本文件时，可能需要根据空白字符分割字符串。

（2）使用 isspace 函数判断字符是否为空白字符，从而确定字符串的分割点。在读取配置文件或者网络协议数据时，isspace 函数能帮助跳过不必要的空白字符，从而提取有效数据。

（3）使用 isupper 函数检查一个字符是否为大写字母。例如，在处理用户输入时，如果要求用户输入全大写形式的验证码，就可以使用 isupper 函数遍历验证码字符串中的每个字符，确保所有字符都是大写字母。

在 C 语言编译系统的库函数中还有一些能够直接处理字符串的函数，使用字符串函数时，需要把#include ＜string.h＞放在程序开头。

常用的字符串处理函数如下，其中涉及数组和指针的知识将在第 5 章和第 6 章详细讲解。

1. strlen 函数

函数原型如下。

```
size_t strlen(const char *str);
```

功能：返回字符串的长度。
返回值：返回字符串 str 的长度，不包括字符串结束符 '\0'。
说明：用于计算字符串中的字符数量。
示例如下。

```
#include <stdio.h>
#include <string.h>
int main()
{
    char str[] = "Hello,world!";
    len = strlen(str);
    printf("字符串长度为:% zu\n",len);
    return 0;
}
```

此程序定义了一个字符串 str，然后使用 strlen 函数计算其长度，并输出结果。

2. strcpy 函数

函数原型如下。

```
char *strcpy(char *dest,const char *src);
```

功能：复制一个字符串。
返回值：返回指向目标字符串 dest 的指针。
说明：用于将源字符串 src 复制到目标字符串 dest。
示例如下。

```c
#include <stdio.h>
#include <string.h>
int main()
{
    char source[] = "Hello,world!";
    char destination[20];
    strcpy(destination,source);
    printf("复制后的字符串:%s\n",destination);
    return 0;
}
```

此程序定义了字符串 source 和字符数组 destination，并将 source 字符串复制到 destination 字符数组中。

3. strncpy 函数

函数原型如下。

```c
char *strncpy(char *dest,const char *src,size_t n);
```

功能：复制一个字符串的一部分。
返回值：返回指向目标字符串 dest 的指针。
说明：用于将源字符串 src 的前 n 个字符复制到目标字符串 dest 中。
示例如下。

```c
#include <stdio.h>
#include <string.h>
int main()
{
    char source[] = "Hello,world!";
    char destination[10];
    strncpy(destination,source,5);
    destination[5] = '\0'; //确保 destination 以 null 字符结尾
    printf("复制后的字符串:%s\n",destination);
    return 0;
}
```

此程序使用 strncpy 函数从 source 复制最多 5 个字符到 destination，然后手动添加字符串结束符 '\0'，确保 destination 是一个有效的字符串。

4. memcpy 函数

函数原型如下。

```
void *memcpy(void *dest,const void *src,size_t n);
```

功能：从源内存区域 src 复制 n 个字节的数据到目标内存区域 dest 中。
返回值：返回指向 dest 的指针。
说明：memcpy 函数可以复制字符串，也可以复制整型数组。
示例如下。

```
//复制字符串
char src[] = "Hello,world!";
char dest[20];
memcpy(dest,src,strlen(src)+1); // +1 操作表示包含字符串结束符 '\0'
//复制整型数组
int src_arr[5] = {1,2,3,4,5};
int dest_arr[5];
memcpy(dest_arr,src_arr,sizeof(src_arr)); //sizeof(src_arr)计算总字节数
```

在 C 语言中，memcpy 函数用于高效地复制内存块。

5. strcat 函数

函数原型如下。

```
char *strcat(char *dest,const char *src);
```

功能：连接两个字符串。
返回值：返回指向目标字符串 dest 的指针。
说明：用于将源字符串 src 连接到目标字符串 dest 的末尾。
示例如下。

```
#include <stdio.h>
#include <string.h>
int main()
{
    char str1[50] = "This is";
    char str2[] = "a sample";
    char str3[] = "sentence. ";
    strcat(str1,str2);
    strcat(str1,str3);
    printf("连接后的字符串:%s\n",str1);
    return 0;
}
```

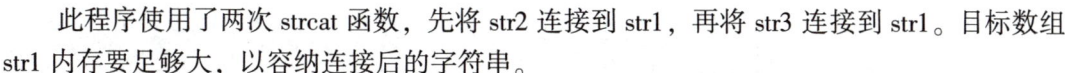

此程序使用了两次 strcat 函数，先将 str2 连接到 str1，再将 str3 连接到 str1。目标数组 str1 内存要足够大，以容纳连接后的字符串。

6. strcmp 函数

函数原型如下。

```
int strcmp(const char *str1,const char *str2);
```

功能：比较两个字符串。
返回值：若 str1 小于 str2 则返回负数；若 str1 大于 str2 则返回正数；若相等则返回 0。
说明：用于按字典顺序比较字符串 str1 和 str2，比较的是两个字符串对应字符的 ASCII 码。
示例如下。

```
#include <stdio.h>
#include <string.h>
int main()
{
    char input[50];
    printf("Enter a string:");
    scanf("%s",input);
    if(strcmp(input,"secret") = =0){
        printf("Correct password!\n");
    }else{
        printf("Incorrect password.\n");
    }
    return 0;
}
```

此程序首先读取用户输入的字符串；然后将其与特定的字符串 secret 比较，判断输入是否正确。

7. strchr 函数

函数原型如下。

```
char *strchr(const char *str,int ch);
```

功能：在字符串中查找字符。
返回值：返回指向字符 ch 第一次出现位置的指针，如果没找到就返回 NULL。
示例如下。

```
#include <stdio.h>
#include <string.h>
int main()
```

```
{
    char str[] = "Hello,world!";
    char target = 'o';
    char *result = strchr(str,target);
    if(result!=NULL){
        printf("The first occurrence of '%c' in the string is at position:%ld\n",
        target,result-str);
    }
    else{
        printf("The character '%c' was not found in the string. \n",target);
    }
    return 0;
}
```

此程序使用 strchr 函数在字符串"Hello,world!"中查找字符'o'首次出现的位置，并输出其在字符串中的位置。

8. strstr 函数

函数原型如下。

```
char *strstr(const char *haystack,const char *needle);
```

功能：在字符串中查找子字符串。

返回值：返回指向子字符串 needle 第一次出现位置的指针，如果没找到就返回 NULL。

说明：用于在字符串 haystack 中查找子字符串 needle。

示例如下。

```
#include <stdio.h>
#include <string.h>
int main(){
    char str[] = "A long text with some words.";
    char subStr[] = "words";
    if(strstr(str,subStr)!=NULL){
        printf("The string contains the substring '%s'. \n",subStr);
    }else{
        printf("The string does not contain the substring '%s'. \n",subStr);
    }
    return 0;
}
```

此程序使用 strstr 函数在字符数组 str 中查找是否包含字符数组 subStr。通过判断 strstr 的返回值是否为 NULL，确定原字符串中是否包含特定子字符串。

9. strtok 函数

函数原型如下。

```
char *strtok(char *str,const char *delim);
```

功能:分割字符串为子字符串。
返回值:返回指向下一个子字符串的指针;如果没有更多子字符串就返回 NULL。
说明:用于将字符串 str 按照分隔符 delim 分割成一系列子字符串。
示例如下。

```
#include <stdio.h>
#include <string.h>
int main()
{
    char str[] = "This is a sample string.";
    char *token;
    token = strtok(str," ");
    while(token! = NULL){
        printf("%s\n",token);
        token = strtok(NULL," ");
    }
    return 0;
}
```

此程序使用 strtok 函数以空格为分隔符将字符串"This is a sample string."分割成多个子字符串,并逐个输出。

在硬件项目实践和开发中,字符串处理函数有如下作用。

(1)串口通信。在嵌入式系统中,经常需要通过串口与其他设备通信。串口通信通常以字符串的形式传输数据,可以使用字符串处理函数处理发送和接收的字符串。例如,使用 strcat 函数拼接要发送的命令字符串,使用 strtok 函数分割接收的响应字符串。

(2)传感器数据处理。嵌入式系统可能连接各种传感器,传感器通常返回字符串形式的数据。可以使用字符串处理函数对传感器数据进行解析和处理,提取有用的信息。例如,使用 strtok 函数分割传感器返回的字符串,提取温度、湿度等数值。

(3)显示输出。在嵌入式系统中,可能需要在显示屏上显示字符串信息。可以使用字符串处理函数对要显示的字符串进行格式化处理,以适应显示屏的尺寸和格式要求。例如,使用 strncpy 函数截取部分字符串,使用 sprintf 函数构建格式化的字符串输出。

此外,在自然语言处理中字符串处理函数的作用举足轻重。使用 strstr 函数查找特定的单词或短语,使用 strlen 函数计算字符串的长度,使用 strcmp 函数比较两个字符串。在文本分类、情感分析等任务中,需要处理和分析大量的文本,字符串处理函数可以帮助提取关键信息、去除噪声等。在网络通信中,字符串通常是最常用的数据类型,可以使用字符串处理函数对发送和接收的字符串进行格式化、解析和验证。例如,使用 strcmp 函数比较客户端发送的命令与服务器支持的命令,使用 strcat 函数拼接发送给客户端的响应字符串。

4.5.3 常用数学函数

使用数学函数前,需要在程序开头写明#include <math.h>。常用的数学函数见表4-2。

表4-2 常用的数学函数

函数名	函数原型	功能及返回值
sin	double sin(double x)	计算参数x的正弦值。 返回x的正弦值,单位为弧度
cos	double cos(double x)	计算参数x的余弦值。 返回x的余弦值,单位为弧度
log	double log(double x)	计算以e为底的对数。 返回x的自然对数
log10	double log10(double x)	计算以10为底的对数。 返回x的以10为底的对数
exp	double exp(double x)	用于指数运算,即计算e的x次方。 返回e的x次方
sqrt	double sqrt(double x)	计算非负实数x的平方根。 返回x的平方根
pow	double pow(double x,double y)	用于幂运算,即计算x的y次方。 返回x的y次方
fabs	double fabs(double x)	计算浮点数x的绝对值。 返回参数x的绝对值

C语言中的数学库函数可以用于工程设计、信号处理、数据科学和机器学习等领域。例如,在不同智能化的要求下,通常需要通过机器学习算法建立预测模型。针对不同的测量单位,不同取值范围的自变量和因变量,在建立模型之前,通常需要把数据归一化到(0,1),以利于模型的训练和学习。

例4.12 预测电力领域的风电机输出功率,自变量有风速(3~25m/s)、风向(0°~360°)等,因变量为功率(0~600kW),需要对各变量进行归一化处理。具体程序如下。

```
#include <stdio.h>
#include <math.h>
#define M_PI 3.1415926
//归一化参数结构体
typedef struct{
double min;
double max;
```

```c
}NormParam;
//风速归一化(3~25m/s→(0,1))
double normalize(double value,NormParam param)
{return(value-param.min)/(param.max-param.min);}
//功率反归一化((0,1)→0~600kW)
double denormalize_power(double norm_value)
{return norm_value*600.0;}
//风向影响系数(使用复合三角函数)
double wind_direction_coeff(double degree){
    double rad=degree*M_PI/180.0;
    //组合正弦平方和余弦平方函数实现双向敏感度
return 0.7*pow(cos(rad),2)+0.3*pow(sin(rad),2);}
//风电功率预测模型(输入需为归一化值,省略具体预测方法)
double predict_power(double norm_speed,double norm_dir_coeff)
{    //模拟功率曲线(三段式)
if(norm_speed<0.15){                //<6m/s
return 0;}
else if(norm_speed<0.55){           //6~15m/s
return 0.8*norm_speed*norm_dir_coeff;}
else{                               //>15m/s
return 0.9*norm_dir_coeff;}         //额定功率衰减
}
int main()
{
//定义归一化参数
NormParam speed_param={3.0,25.0};   //风速参数
//模拟输入数据
double wind_speed=12.0;             //当前风速
double wind_direction=45.0;         //当前风向
//数据归一化处理
double norm_speed=normalize(wind_speed,speed_param);
double dir_coeff=wind_direction_coeff(wind_direction);
//功率预测(返回归一化结果)
double norm_power=predict_power(norm_speed,dir_coeff);
//结果反归一化
double actual_power=denormalize_power(norm_power);
//输出结果
printf("风速:%.1f m/s\n",wind_speed);
printf("风向:%.1f°\n",wind_direction);
printf("预测功率:%.2f kW\n",actual_power);
return 0;
}
```

例 4.12 利用数学函数实现了风速的归一化、风向影响系数的转化以及风功率的模拟等，使得多个变量为一个数量级。此外，一些简单的机器学习模型的建立（如线性回归算法、K 邻近分类算法等）都可以通过组合库函数中的数学函数实现。

4.5.4 动态内存分配和管理函数

使用动态内存分配和管理函数前，需要在程序开头写明#include <sdtlib.h>。常用的动态内存分配和管理函数见表 4-3。

表 4-3 常用的动态内存分配和管理函数

函数名	函数原型	功能及返回值
malloc	void * malloc(size_t size)	动态分配指定字节数的内存空间。 返回值：如果分配成功就返回指向分配内存的指针；如果分配失败就返回 NULL
calloc	void * calloc(size_t num, size_t size)	动态分配 num 个 size 字节的连续内存空间，并将内存块中的所有位都初始化为零。 返回值：如果分配成功就返回指向分配内存的指针；如果分配失败就返回 NULL
realloc	void * realloc(void * ptr, size_t size)	调整之前通过 malloc、calloc 或 realloc 函数分配的内存块大小，即根据实际需求增大或减小已分配的内存空间。 返回值：如果成功就返回指向重新分配内存的指针；如果失败或 size 为 0 就返回 NULL
free	void free(void * ptr)	释放之前通过 malloc、calloc 或 realloc 分配的内存空间。 返回值：无

动态内存分配和管理函数使程序在运行时动态地管理内存，灵活地分配和释放内存资源。在很多情况下可能不知道数组的大小或者数组可能根据不同的输入变化。例如，读取一个未知大小的文件，需要动态分配内存来存储文件中的内容时，可以使用 malloc 函数或 calloc 函数分配足够大的内存。随着读取数据的增加，可以使用 realloc 函数扩展内存。

在一些算法（如动态规划）中，可能需要创建一个动态大小的数组存储中间结果。可以根据问题的规模动态地调整数组的大小，以提高内存的使用效率。但使用时需要谨慎处理，以避免内存泄漏和悬空指针等问题。第 5 章将介绍动态内存分配和管理函数的使用示例。

4.5.5 时间和日期处理函数

使用时间和日期处理函数前，需要在程序开头写明#include <time.h>。常用的时间和日期处理函数见表 4-4。

表4-4 常用的时间和日期处理函数

函数名	函数原型	功能及返回值
time	time_t time(time_t * t)	获取当前系统时间并返回(自 UTC 时间 1970 年 1 月 1 日以来经过的秒数)
strftime	strftime(char * str, size_t maxsize, const char * format, const struct tm * timeptr)	根据 format 中定义的格式化规则,格式化结构 timeptr 表示的时间,并存储到 str 中
difftime	double difftime (time _ time1, time _ time0)	计算两个时间的时间差(time1 – time0)。返回时间差,单位为秒(double 类型)

例 4.13 时间函数综合应用。

```
#include <stdio.h>
#include <time.h>
int main()
{
    time_t currentTime;//time_t 是一种用于表示时间的数据类型,通常是 long 类型
    struct tm*timeInfo;/*声明一个指向 struct tm 的指针 timeInfo,该结构体用于存储分解的时间(年、月、日、时、分、秒等)*/
    char buffer[80];
    time(&currentTime);//获取当前时间
    timeInfo = localtime(&currentTime);       //将当前时间转换为本地时间结构
    strftime(buffer,sizeof(buffer),"当前时间:%Y-%m-%d %H:%M:%S",timeInfo);
                                              //格式化时间并输出
    puts(buffer);
    time_t futureTime = currentTime + 3600;
    timeInfo = localtime(&futureTime);        //模拟一个未来时间,如 1 小时后
    strftime(buffer,sizeof(buffer),"1 小时后的时间:%Y-%m-%d %H:%M:%S",timeInfo);
                                              //格式化未来时间并输出
    puts(buffer);
    double diffSeconds = difftime(futureTime,currentTime);
    printf("时间差为:%.0f 秒\n",diffSeconds);   //计算两个时间的差值(以秒为单位)
    return 0;
}
```

例 4.13 首先使用 time 函数获取当前时间的时间戳;然后使用 localtime 函数将时间戳转换为本地时间结构;接着使用 strftime 函数将时间格式化为特定的字符串输出,且模拟了一个未来时间,并进行格式化输出;最后使用 difftime 函数计算当前时间与未来时间的时间差并输出。

在应用程序开发中,有时需要实现定时器功能,如倒计时、定时提醒等。时间和日期处理函数可以用于设置定时器的初始时间和周期,然后在定时器到期时执行相应的操作。

例如，使用 time 函数获取当前时间，然后加上定时器的初始时间，设置定时器的到期时间。在定时器的循环中，不断使用 time 函数获取当前时间，并与到期时间比较，当时间到达时执行相应操作。

定时器可以用于实现不同定时功能，如游戏中的倒计时、音乐播放器中的定时播放等。时间和日期处理函数可以用于格式化定时器的剩余时间，方便用户查看和理解。例如，可以使用 strftime 函数将剩余时间转换为用户可读的格式，如 HH:MM:SS。可以通过 difftime 函数实现时间间隔计算，以计算任务的执行时间、程序的运行时间、网络延迟等。时间和日期处理函数可以用于格式化时间间隔，使其易显示和理解，如可以将时间差转换为小时、分钟和秒的格式显示。

4.5.6 其他常用函数

以下是 C 语言标准库中的其他常见函数，使用前需要在程序开头写明 #include <stdlib.h>。

1. rand 函数

函数原型如下。

```
int rand(void);
```

功能：生成一个伪随机整数。

返回值：返回一个取值范围为 0～RAND_MAX（stdlib.h 中定义的常量）的整数。

说明：rand 函数使用当前的随机数种子生成伪随机数。如果需要不同的随机数序列，就可以先通过 srand 函数设置不同的种子值。

2. srand 函数

函数原型如下。

```
void srand(unsigned int seed);
```

功能：设置随机数种子，用于初始化随机数发生器。

参数：seed 是一个无符号整数，作为随机数生成的起始点。

返回值：无返回值。

说明：为了产生可预测的随机数序列，可以使用 srand 函数设置种子值。通常种子值可以基于时间或者其他变量，以确保每次运行程序时生成不同的随机数序列。

rand 函数和 srand 函数是 C 语言中用于生成伪随机数的基本工具，适当设置种子值和调用 rand 函数，可以在程序中使用随机数实现各种应用，其在游戏开发、随机过程模拟、密码学和安全、数据分析和机器学习等领域都有应用。

例 4.14 使用 rand 函数模拟掷骰子游戏。

```
#include <stdio.h>
#include <stdlib.h>
#include <time.h>
int rollDice()
```

```c
{
    return rand()%6+1;}
int main()
{
    srand(time(NULL));              //使用当前时间作为随机数生成器的种子
    printf("掷骰子游戏开始!\n");
    int dice1 = rollDice();
    int dice2 = rollDice();
    printf("第一次掷骰子:%d\n",dice1);
    printf("第二次掷骰子:%d\n",dice2);
    int total = dice1 + dice2;
    printf("两次掷骰子的总和为:%d\n",total);
    if(total = =7 || total = =11){
        printf("你赢了!\n");
    }else if(total = =2 || total = =3 || total = =12){
        printf("你输了!\n");
    }else{
        int point = total;
        printf("目标点数为:%d\n",point);
        while(1){
            dice1 = rollDice();
            dice2 = rollDice();
            total = dice1 + dice2;
            printf("再次掷骰子:%d\n",total);
            if(total = =point){
                printf("你赢了!\n");
                break;
            }else if(total = =7){
                printf("你输了!\n");
                break;
            }
        }
    }
    return 0;
}
```

此程序在 rollDice 函数中使用 rand 函数模拟掷六面骰子,返回 1~6 的随机数。在 main 函数中,首先以当前时间为种子初始化随机数生成器 srand。进行两次掷骰子操作,并计算总和。根据总和的结果判断游戏的输赢情况,如果不是直接输赢的情况就进入循环继续掷骰子,直到满足赢或输的条件。

4.6 变量的作用域

1. 局部变量

定义在函数内部的变量称为局部变量,包括函数内部的某个复合语句的内部。局部变量的作用仅在该函数内部或复合语句内有效。局部变量的作用范围还与其定义语句的位置有关,只有定义语句后才能使用局部变量,即前面提到的变量必须先定义再使用。

2. 全局变量

定义在函数外部的变量称为全局变量,可以被该源文件中的所有函数共用,其作用范围是从定义变量开始到本源文件结束。

例4.15 局部变量与全局变量。

```c
#include <stdio.h>
//全局变量
int globalVar = 10;
void function1(){
    //可以直接访问全局变量
    printf("Inside function1:globalVar = %d\n",globalVar);}
voidfunction2(){
    int localVar = 20;
    //可以直接访问全局变量
    printf("Inside function2:globalVar = %d\n",globalVar);
    //局部变量在其所在函数内有效
    printf("Inside function2:localVar = %d\n",localVar);}
int main()
{
    int localVarInMain = 30;
    //可以直接访问全局变量
    printf("Inside main:globalVar = %d\n",globalVar);
    //局部变量在其所在函数内有效
    printf("Inside main:localVarInMain = %d\n",localVarInMain);
    function1();
    function2();
    //无法直接访问function2中的localVar
    //printf("Inside main:localVar from function2 = %d\n",localVar);
    return 0;
}
```

4.7 习题与实训

一、填空题

1. 在函数定义中，若省略函数类型，则该函数返回值的类型是_____。
2. 在函数定义中，形参列表可以为空，但不能省略圆括号，该说法是_____。
3. 在 C 语言中，函数调用的一般形式是_____。
4. 在 C 语言中，函数的_____部分用于指定函数的名称、返回类型以及参数的类型（如果有）。它告诉编译器函数的存在和接口形式。
5. 在 C 语言中，函数的参数传递本质上是_____传递。
6. 函数可以调用自身的情况称为_____。
7. 在 C 语言标准库中用于字符串比较的函数是_____。
8. 在同一个源文件中，函数_____（可以/不可以）嵌套定义（在一个函数内部定义另一个函数）。函数_____（可以/不可以）嵌套调用。
9. 在函数或复合语句（块）_____定义的变量称为局部变量。
10. 在递归函数中必须由_____结束递归。
11. 数学库函数（如 sin、cos、sqrt、pow 等）的声明在头文件_____中。
12. 在 C 语言中用于终止程序执行的函数是_____。

二、选择题

1. 下列（　　）不是 C 语言函数的定义部分。
   A. 返回类型　　B. 函数名　　C. 形参列表　　D. 函数声明
2. 函数声明的作用是（　　）。
   A. 定义函数的返回值　　　　B. 声明函数的返回值
   C. 声明函数的参数类型和顺序　　D. 声明函数的作用域
3. 下列关于递归函数的说法错误的是（　　）。
   A. 递归函数必须有递归调用
   B. 递归函数必须有基准情况
   C. 递归函数可能导致栈溢出
   D. 递归函数的性能通常比非递归函数好
4. 在函数定义中，如果一个函数不需要向调用者返回任何值，则返回类型是（　　）。
   A. void　　　B. null　　　C. none　　　D. empty
5. 下列（　　）函数用于动态分配内存。
   A. printf　　B. scanf　　C. malloc　　D. free

三、设计题

1. 编写一个函数 max_of_three，接收三个整数参数，并返回其中最大的数。
2. 编写一个递归函数 factorial，计算一个正整数的阶乘。
3. 编写一个函数 is_prime，接收一个整数参数，并判断该数是不是素数，若是素数则返回 1，否则返回 0。
4. 编写一个函数 fibonacci，接收一个整数参数 n，并返回斐波那契数列第 n 项的值。

四、实训

1. 简易智能问答机器人（关键词匹配）。功能：实现一个基于关键词匹配的对话机器人。任务分解如下。

（1）输入处理模块：使用 clean_input 函数去除用户输入的标点符号并转换为小写字母。

（2）关键词匹配模块：使用 find_keyword 函数检查输入是否包含预设关键词（如"天气""时间"）。

（3）回答生成模块：使用 generate_response 函数根据关键词返回固定回答。

2. 温度预测（简单线性拟合）。功能：根据历史数据预测明日温度（简化为取平均值）。任务分解如下。

（1）数据读取模块：使用 read_temperatures 函数从数组读取过去 7 天的温度。

（2）计算模块：使用 predict_temperature 函数计算平均温度并作为预测值。

（3）结果输出模块：使用 print_result 函数输出预测结果。

3. 文本敏感词过滤。功能：检测用户输入是否包含敏感词并替换为星号 *。任务分解如下。

（1）敏感词库模块：使用 load_keywords 函数从数组加载预设敏感词。

（2）文本检测模块：使用 check_text 函数遍历敏感词库进行匹配。

（3）替换处理模块：使用 replace_keyword 函数将敏感词替换为星号 *。

4. 智能灯光控制（条件判断）。功能：根据光强传感器数据自动开关灯。任务分解如下。

（1）传感器数据模块：使用 read_light_intensity 函数模拟读取光强度的值（0～100）。

（2）决策模块：使用 should_turn_on 函数判断是否需要开灯（若光强度 < 30 则开灯）。

（3）控制模块：使用 control_light 函数输出开关指令。

参考答案

一、填空题

1. int 2. 正确 3. 函数名（实参列表） 4. 声明（原型） 5. 值 6. 递归调用 7. strcmp 8. 不可以，可以 9. 内部 10. 基准情况 11. math.h 12. exit

二、选择题

1. D 2. C 3. D 4. A 5. C

三、设计题（主函数部分自行设计）

1.

```
int max_of_three(int a,int b,int c){
    int max = a;
    if(b > max)max = b;
    if(c > max)max = c;
    return max;
}
```

2.

```
int factorial(int n){
    if(n = =0)return 1;
    return n *factorial(n -1);
}
```

3.

```
int is_prime (int n) {
    int i;
    if (n< =1) return 0;
    for (i =2; i< =sqrt (n); i + +) {
        if (n%i = =0) return 0;
    }
    return 1;
}
```

4.

```
long fibonacci(int n){
    if(n<0) return 0;           //非法输入处理
    if(n = =0) return 0;        //F(0) =0
    if(n = =1) return 1;        //F(1) =1
    return fibonacci(n -1) + fibonacci(n -2);
}
```

【在线答题】

【在线答题】

第 5 章　数组与内存管理

5.1　数　组　基　础

5.1.1　数组的定义和声明

　　数组是一种数据结构，它能够存储一组相同类型的数据。每个数据都称为数组的元素，每个元素在数组中都有一个唯一的索引，用于访问该元素。数组可以高效地管理和处理大量数据。

　　在 C 语言中，声明数组需要指定数组的类型和数组的大小（数组元素的数量）。数组的大小必须是一个正整数常量表达式，不能是变量或运行时决定的值。

　　数组声明的一般格式如下。

类型说明符 数组名 [常量表达式]

　　（1）类型说明符。声明数组时，首先需要指定数组中元素的数据类型，可以是 C 语言中定义的基本类型（如 int、char、float 等），也可以是构造类型（如结构体、共用体等）。

　　（2）数组名。类型说明符后面是用户为数组定义的标识符，即数组名，用于在程序中引用数组。

　　（3）常量表达式。数组名后面是由方括号 [ ] 括起来的常量表达式。其必须是一个整数常量或整型表达式，指定数组的大小，即数组中元素的数量。

　　定义数组时，需要注意以下几点。

　　（1）数组的类型与元素类型一致。例如，定义一个整型数组 int numbers [5]，其中 numbers 是数组名，int 是数据类型，5 是数组的长度，说明 numbers 数组中的每个元素都必须是 int 型。如果在程序中试图向 numbers 数组中的某个位置存储非整数类型的值（比如浮点数或字符），编译器就会出现"存在类型隐式转换"的警告，在有些情况下甚至会导致编译错误。这种严格的类型要求确保了在数组中存储和处理数据时的一致性及可靠性。

　　（2）数组名不能与其他变量名相同。在同一作用域内，数组名不能与其他变量名相同，以避免命名冲突和混淆。

　　（3）数组名的命名规则。数组名应该符合 C 语言标识符的命名规则，即由字母、数字和下划线组成，且不能以数字开头。由于 C 语言是区分大小写字母的，因此需要注意数组名中的大小写字母。

　　（4）在 C 语言中，允许在单个语句中声明多个相同类型的变量和数组，以提高代码的可读性和整洁度，特别是在需要定义多个同类型变量或数组时尤为方便。

　　（5）在 C 语言中，必须用常量表达式表示数组的长度，不能直接使用变量指定数组的大小，以便分配正确的内存空间。

5.1.2 一维数组

1. 一维数组的使用

一维数组是最基本的数组形式，它能够存储一组线性排列的数据。数组中的元素可以通过索引（下标）访问，下标从 0 开始。

【拓展视频】　【拓展视频】　【拓展视频】

（1）声明一维数组。如前所述，一维数组可以通过以下方式声明。

```
int scores[5];
```

（2）一维数组元素的引用。在 C 语言中，数组元素是数组的基本单元，可以通过数组名和下标引用。数组元素引用的一般格式如下。

```
数组名[下标]
```

例如：

```
int scores[5];
```

表示整型数组 scores 有 scores[0]、scores[1]、scores[2]、scores[3]、scores[4] 5 个元素。由于 C 语言本身不检查数组下标越界，因此，如果尝试访问超出数组范围的元素（如 scores[5]）就会导致未定义行为，可能覆盖内存中的其他数据，引发程序错误或程序崩溃。使用数组时，必须确保下标在有效范围内。

（3）初始化一维数组。可以在声明时初始化数组，例如：

```
int scores[5] = {85,90,78,92,88};
```

（4）逐个赋值。数组声明后，可以逐个赋值，例如：

```
int scores[5];
scores[0] = 85;
scores[1] = 90;
scores[2] = 78;
scores[3] = 92;
scores[4] = 88;
```

在 C 语言中不能直接通过一个语句输出整个整型数组，需要分别输出数组元素或使用循环语句逐个输出数组的元素。例如，输出有 5 个元素的数组时，可以使用循环语句逐个输出数组元素，如下面程序段所示。

```
for(i = 0;i < 5;i + +)
{
    printf("%d",scores[i]);
}
```

当然，也可以使用循环语句为数组元素赋值。

```c
for(i=0;i<5;i++)
{
    scanf("%d",&scores[i]);
}
```

例 5.1 利用嵌入式硬件设计一种能够实时监测环境参数并提供预警的智能系统。使用传感器（如温度传感器、湿度传感器、空气质量传感器等）采集环境数据，并将采集的数据存储在一维数组中，每个数组元素都代表一个特定的环境参数。

```c
#include <stdio.h>
#define NUM_SENSORS 3              //定义符号常量
int main()
{
    float envData[NUM_SENSORS];    //存储环境数据的一维数组
    //模拟数据采集
    envData[0]=25.5;               //温度
    envData[1]=50.0;               //湿度
    envData[2]=80;                 //空气质量指数
    //计算平均值
    float sum=0;
    int i;
    for(i=0;i<NUM_SENSORS;i++){
        sum+=envData[i];
    }
    float average=sum/NUM_SENSORS;
    printf("平均环境数据:%.2f\n",average);
    //检测温度是否超过阈值
    const float temperatureThreshold=30.0;//定义常变量,该变量存在期间值不能改变
    if(envData[0]>temperatureThreshold){
        printf("温度过高!\n");
    }
    return 0;
}
```

例 5.1 定义了一个数组 envData[3]，分别存储温度、湿度和空气质量指数；同时计算存储在一维数组中的环境数据平均值，以了解环境的整体状况。当环境参数超过阈值时，触发预警机制。此外，还可以在此基础上扩展功能，如获取温度上升或下降趋势、空气质量的恶化或改善趋势。在硬件方面，用户可以通过手机应用或网页随时随地查看环境数据和预警信息。

2. 一维字符数组

字符数组不是一种单独的数据类型,而是一维数组中常见的应用方式。由于 C 语言中没有字符串数据类型,因此字符串都是以字符数组的形式出现的。

【拓展视频】 【拓展视频】

一维字符数组的定义和初始化如下。

```
char str[5]={'C','h','i','n','a'};
```

也可以写为

```
char str[6]={"China"};
```

或

```
char str[]="China";    //大括号和数组长度均可以省略
```

使用字符常量对字符数组进行初始化时,数组长度可以与字符数量一致;使用字符串常量对字符数组进行初始化时,数组长度一定要大于字符串长度,因为字符串会自带一个结束符 '\0',其 ASCII 码为 0,含义是 NULL。如果有结束符 '\0',字符数组的长度就不那么重要了,在遍历数组的所有元素时遇到 '\0' 操作结束。

例 5.2 利用一维数组批量处理数据,设计简易的学生成绩管理系统。

```
#include <stdio.h>
#include <string.h>
#define MAX_STUDENTS 50
#define NAME_LEN 20
//使用两个独立数组存储学生信息
char names[NAME_LEN];                    //一维字符数组存储姓名
int scores[MAX_STUDENTS];                //成绩数组
int count=0;                             //当前学生数量
//添加学生信息
void addStudent(){
    if(count>=MAX_STUDENTS){
        printf("系统已满!\n");
        return;/*void 类型的函数不要求返回任何值,return;的作用是提前终止函数执行(这里可省略,函数执行到末尾会自动返回)*/
    }
    printf("输入学生姓名:");
    scanf("%19s",&names[count]);          //安全输入限制
    printf("输入数学成绩:");
    scanf("%d",&scores[count]);
    count++;
    printf("添加成功!\n");}
//显示所有学生信息
```

```c
void displayStudents(){
    printf("\n%-20s %-10s\n","姓名","数学成绩");
    int i;
    for(i=0;i<count;i++){
        printf("%-20s %-10d\n",names[i],scores[i]);
    }
}
//按姓名搜索学生
void searchStudent(){
    char target[NAME_LEN];
    printf("输入要查找的姓名:");
    scanf("%19s",target);
    int i;
    for(i=0;i<count;i++){
        if(strcmp(names[i],target)==0){//精确匹配
            printf("\n找到学生:\n");
            printf("姓名:%s\n成绩:%d\n",names[i],scores[i]);
            return;
        }
    }
    printf("未找到该学生!\n");}
int main()
{
    int choice;
    do{
        printf("\n学生成绩管理系统\n");
        printf("1. 添加学生\n");
        printf("2. 显示记录\n");
        printf("3. 查找学生\n");
        printf("4. 退出\n");
        printf("请选择:");
        scanf("%d",&choice);
        switch(choice){
            case 1:addStudent(); break;
            case 2:displayStudents(); break;
            case 3:searchStudent(); break;
            case 4:printf("系统已退出\n"); break;
            default:printf("无效选项\n");
        }
    }while(choice!=4);
    return 0;
}
```

在例 5.2 中，数组 names、scores 和变量 count 为全局变量，使用一维字符数组存储学生姓名、一维整型数组存储学生成绩，还使用字符串比较函数 strcmp 实现姓名查找功能。主函数采用 switch 语句进行功能分支。

5.1.3 二维数组

由于在实际问题中很多量都是多维的，因此 C 语言允许构造多维数组。多维数组元素有多个下标，以标识其在数组中的位置，又称多下标变量。二维数组是数组的一种扩展形式，可以看作数组的数组，允许存储一个矩阵或表格形式的数据。二维数组的声明和使用具有独特的特点。下面介绍二维数组，多维数组可由二维数组类推得到。

1. 声明二维数组

二维数组定义的基本格式如下。

```
类型说明符 数组名[常量表达式1][常量表达式2];
```

其中，常量表达式 1 表示第一维的长度，即行数；常量表达式 2 表示第二维的长度，即列数。通过这种形式的定义，可以创建一个具有指定行数和列数的二维数组。每个元素都通过两个下标访问，一个用于表示行索引，另一个用于表示列索引。下面是一个 3 行 4 列整数数组的声明。

```
int matrix[3][4];
```

该 3 行 4 列数组名为 matrix，其数组元素类型为整型，数组元素共有 12（3×4 得出）个，即

matrix[0][0]，matrix[0][1]，matrix[0][2]，matrix[0][3]
matrix[1][0]，matrix[1][1]，matrix[1][2]，matrix[1][3]
matrix[2][0]，matrix[2][1]，matrix[2][2]，matrix[2][3]

在概念上，二维数组是在两个方向上变化的，它们通常被看作行和列的组合，用户可以通过两个独立的下标访问数组元素，从而更直观地处理和操作矩阵或二维数据结构。然而，实际的硬件存储器是连续编址的，即存储器单元是一维线性排列的，意味着计算机在物理层面只能按顺序线性访问内存地址，而无法直接访问二维地址。为了在一维存储器中存储二维数组，计算机采用按行主序或按列主序的存储方式，将二维数组在内存中依次排列成一系列连续的存储单元。

在 C 语言中，二维数组是按行主序存储的，即依次存储数组中的第一行，然后存储第二行，依此类推。即首先存储 matrix[0] 行，然后存储 matrix[1] 行，最后存储 matrix[2] 行。每行中的 4 个元素也依次存储。由于 matrix 数组声明为整型，该类型占 2 个或 4 个字节，因此每个元素均占 2 个或 4 个字节。因为在内存中连续存储的数组元素可以更有效地利用计算机的缓存机制，所以这种存储方式有助于提高访问数据的性能。

2. 二维数组元素的引用

二维数组元素也称双下标变量，其基本格式如下。

【拓展视频】

> 数组名[下标][下标]

其中,下标可以是常量、变量或整型表达式。

【拓展视频】

例如,matrix[2][3]表示 matrix 数组第 3 行第 4 列元素。每维的下标都只能从 0 开始,达到长度最大值减 1。

3. 二维数组的初始化

二维数组初始化的基本格式如下。

> 数据类型 数组名[常量][常量] = {初始化数据}

其中,等号右侧大括号中为各数组元素的初值,各初值之间由逗号分开,把大括号中的初值依次赋给各数组元素。

二维数组有如下 5 种初始化方式。

(1) 分行初始化。分行初始化就是按行分段赋值,即初始化二维数组时逐行为其赋初值,每行的元素都可以单独指定。例如:

> int arr[2][3] = {{1,2,3},{4,5,6}};

(2) 全部数据初始化。全部数据初始化就是按行连续赋值,即初始化二维数组时整体连续地为其赋值。例如:

> int arr[2][3] = {1,2,3,4,5,6};

(3) 部分数组元素初始化。声明数组时,只为部分数组元素赋初始值,而不为全部数组元素赋初始值,未指定初始值的元素会被自动初始化为 0。例如:

> int arr[2][3] = {{1,2},{4}} = {{1,2,0},{4,0,0}};

(4) 省略行规模的定义。在 C 语言中,初始化一个二维数组并提供足够的数据以填充整个数组,编译器根据第二维的长度自动推断第一维的长度。因此,定义二维数组时可以省略第一维的定义,但不能省略第二维的定义。例如:

> int arr[ ][3] = {1,2,3,4,5,6};

【拓展视频】

(5) 二维数组到一维数组的转换。二维数组可以看作由一维数组组成的。如果一个数组的每个元素都是一个数组,那么该数组是二维数组。因此,二维数组也可以分解为多个一维数组。

例 5.3 设计一个智能棋盘游戏,使用二维数组表示棋盘状态。每个元素都代表棋盘上的一个位置,可以存储棋子的类型、颜色或其他相关信息。与棋盘相关的程序如下。

```
#include <stdio.h>
#include <stdbool.h>          //bool 是 stdbool 库中定义的布尔型
```

```c
#define BOARD_SIZE 8
//打印棋盘
void printBoard(char board[BOARD_SIZE][BOARD_SIZE]){
    int i,j;
for(i=0;i<BOARD_SIZE;i++){
        for(j=0;j<BOARD_SIZE;j++){
            printf("%c",board[i][j]);
        }
        printf("\n");
    }
}
//检查是否有玩家获胜
bool checkWin(char board[BOARD_SIZE][BOARD_SIZE],char player){
/*该部分可以根据具体的游戏规则检查获胜条件,棋盘游戏类型不同,规则可能不同。例如,在围棋中,玩家需要通过围住对方的棋子获得胜利;在国际象棋中,玩家需要将对方的国王将死*/
    return false;}
int main()
{
    int i,j;
    char board[BOARD_SIZE][BOARD_SIZE];
    //初始化棋盘为空
    for(i=0;i<BOARD_SIZE;i++){
        for(j=0;j<BOARD_SIZE;j++){
            board[i][j]='.';
        }
}
    bool isPlayerTurn=true;
    char player='X';
    char opponent='O';
    while(true){
        printBoard(board);          //调用打印棋盘函数
        if(isPlayerTurn){
            int row,col;
            printf("Player %c's turn. Enter row and column:",player);
            scanf("%d %d",&row,&col);
            //检查输入是否合法,并在棋盘上放置棋子
            if(row>=0&&row<BOARD_SIZE&&col>=0&&col<BOARD_SIZE&&board[row][col]=='.'){
                board[row][col]=player;
            }else{
                printf("Invalid move. Try again.\n");
                continue;
```

```
            }
        }else{
            //智能对手的决策逻辑
        /*该部分可以根据具体的人工智能算法选择智能对手的下棋位置,可以采用Minimax算法、Alpha-
        Beta剪枝算法等评估棋盘状态并作出决策*/
            int row=0,col=0;
            board[row][col]=opponent;
        }
        //检查是否有玩家获胜
        if(checkWin(board,player)){
            printBoard(board);
            printf("Player %c wins!\n",player);
            break;
        }else if(checkWin(board,opponent)){
            printBoard(board);
            printf("player %c wins!\n",opponent);
            break;
        }
        //切换玩家
        isPlayerTurn=!isPlayerTurn;
        player=(player=='X')?'O':'X';
        opponent=(opponent=='X')?'O':'X';
    }
    return 0;
}
```

例5.3定义了一个二维数组char board[8][8]来表示一个8行8列的的棋盘，其中每个元素都可以是'X'（表示黑子）、'O'（表示白子）或'.'（表示空位）。checkWin函数和主函数中计算机放置棋子的部分没有编写完整，还需要根据具体的游戏设置和算法改进，可以结合先进的人工智能算法，使智能对手具有更高的智能水平。不断训练和优化算法，可以提高智能对手的下棋水平。

5.2　数组的操作

在C语言编程环境中，数组的操作方法多种多样。下面通过具体的程序示例，详细阐述常见的数组操作方式。

5.2.1　数组遍历

在计算机编程中，循环遍历（简称遍历）是指通过循环结构逐个访问数据结构（比如数组、列表等）中的所有元素。

1. 使用 for 循环遍历数组

例 5.4　使用 for 循环输出数组元素。

```
#include <stdio.h>
int main()
{
int array[] = {1,2,3,4,5};
int i;
int size = sizeof(array)/sizeof(array[0]);
for(i=0;i<size;i++){
    printf("%d",array[i]);
}
return 0;
}
```

例 5.4 通过 int array[] = {1, 2, 3, 4, 5}; 声明了一个名为 array 的数组，使用 for 循环遍历整型数组 array，即通过 i 的递增访问 array[0] 到 array[size-1] 的每个元素。其中数组长度 size 利用运算符 sizeof 实现。sizeof 运算符的主要作用是返回一个对象或者类型占用的字节数。sizeof（array）是数组占用的字节数，sizeof（array[0]）是数组的一个元素占用的字节数，两者相除可以得到数组元素的数量，即数组长度。

2. 使用 while 循环和 do-while 循环遍历数组

除了 for 循环，还可以使用 while 循环和 do-while 循环遍历数组。

例 5.5　使用 while 循环遍历数组。

```
#include <stdio.h>
int main()
{
int array[] = {1,2,3,4,5};
int size = sizeof(array)/sizeof(array[0]);
int i=0;
while(i<size){
    printf("%d",array[i]);
    i++;
}
return 0;
}
```

在例 5.5 中，while 循环的条件是 i<size，即当 i 小于数组的大小时执行循环。在每次循环中都输出数组的当前元素 array[i]，然后递增 i。

例 5.6　使用 do-while 循环遍历数组。

```
#include <stdio.h>
int main()
{
int array[] = {1,2,3,4,5};
int size = sizeof(array)/sizeof(array[0]);
int i = 0;
do{
    printf("%d",array[i]);
    i++;
}while(i<size);
return 0;
}
```

在例 5.6 中，do-while 循环的条件是 i<size，确保循环遍历到数组的最后一个元素（索引为 size-1）。若条件错误（如 i<=size）则会导致数组越界访问（访问 array[5]），引发未定义行为。

5.2.2 数组排序

1. 冒泡排序

冒泡排序是一种简单、有效的排序方法。其原理是重复地比较相邻的两个元素，如果未按要求顺序排列就交换它们的位置，直到整个数组都按照要求顺序排列。该过程就像把最小的元素"冒泡"到最上面，因此得名"冒泡排序"。

冒泡排序的步骤如下：从数组的第一个元素开始，依次比较相邻的两个元素，如果顺序不正确（例如当前元素大于下一个元素）就交换两个元素的位置。重复上述步骤，继续向数组的下一个位置移动，直到比较完所有的元素。每次比较的元素减少一个（因为每次排序都将最大的元素移动到最后），直到整个数组排序完成。

例 5.7 使用冒泡法实现升序排序。

```
void bubbleSort(int array[],int size){
    int i,j,temp;
    for(i=0;i<size-1;i++){
        for(j=0;j<size-i-1;j++){
            if(array[j]>array[j+1]){
                temp=array[j];
                array[j]=array[j+1];
                array[j+1]=temp;
            }
        }
    }
}
```

在例 5.7 中，bubbleSort 函数接收一个整数数组 array 及其长度 size 并作为参数。

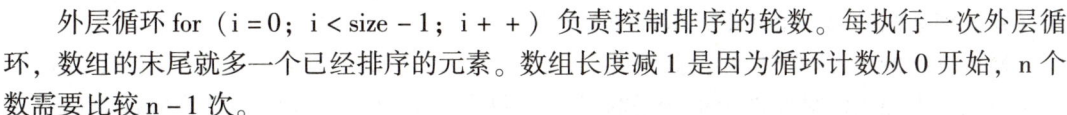

外层循环 for（i = 0；i < size – 1；i + +）负责控制排序的轮数。每执行一次外层循环，数组的末尾就多一个已经排序的元素。数组长度减 1 是因为循环计数从 0 开始，n 个数需要比较 n – 1 次。

内层循环 for（j = 0；j < size – i – 1；j + +）负责每轮的比较和交换。如果 array[j] > array[j + 1]为真，就说明两个元素的顺序错误，需要交换它们的位置。使用一个临时变量 temp 交换元素位置。首先将 array[j]的值赋给 temp，然后将 array[j + 1]的值赋给 array[j]，最后将 temp 的值赋给 array[j + 1]，从而完成两个元素的交换。因为在每轮排序中，已经排序的元素不需要再参与比较，所以内层循环的结束条件是 j < size – i – 1。

2. 选择排序

选择排序的原理是每次遍历都找到未排序部分的最小（或最大，根据排序顺序确定）元素，然后将其放到已排序部分的末尾，直到整个数组排序完成。

选择排序的步骤如下：假设数组为 array，其长度为 size，从数组的第一个元素开始，依次与后面的元素比较，找到最小元素，将找到的最小元素与当前位置的元素交换，将当前位置移动到下一个位置，重复上述步骤，直到数组末尾。整个过程重复 size – 1 次，因为每次都能确定一个位置的元素，剩余的自然是排序好的。

选择排序与冒泡排序相比，每次遍历都只进行一次交换，因此交换次数较少。

例 5.8　使用选择法实现升序排序。

```
void selectionSort(int array[],int size){
    int i,j,temp,minIndex;
    for(i = 0;i < size - 1;i + +){
        minIndex = i;
        for(j = i + 1;j < size;j + +){
            if(array[j] < array[minIndex]){
                minIndex = j;
            }
        }
        temp = array[minIndex];
        array[minIndex] = array[i];
        array[i] = temp;
    }
}
```

在例 5.8 中，selectionSort 函数接收一个整数数组 array 及其长度 size 并作为参数。外层循环 for（i = 0；i < size – 1；i + +）负责控制排序的轮数。内层循环 for（j = i + 1；j < size；j + +）负责在未排序部分找到最小元素。它从当前位置的下一个元素开始遍历，与当前位置的元素比较，找到最小元素的索引。在内层循环中，如果找到比当前最小元素小的元素，就更新 minIndex 为新元素的索引。内层循环结束后，找到未排序部分的最小元素，将其与当前位置的元素交换，当前位置的元素就是已排序部分的最后一个元素。

3. 插入排序

插入排序的原理是将数组分为已排序部分和未排序部分，初始时，已排序部分只有一个元素,即数组的第一个元素;未排序部分包括剩余的所有元素。

插入排序的步骤如下:假设数组为 array,其长度为 size,从数组的第二个元素开始,依次将该元素插入已排序部分的合适位置,在每次插入过程中都保持已排序部分始终有序。将未排序部分的当前元素依次与已排序部分的元素比较,找到合适的位置并插入。具体做法是从当前位置开始向前比较,直到找到第一个比当前元素小(或大,根据排序顺序确定)的元素,然后将当前元素插入该位置后面。重复上述步骤,直到未排序部分的所有元素都被插入已排序部分,数组排序完成。

例 5.9 使用插入法实现升序排序。

```c
void insertionSort(int array[],int size){
   int i,j,temp,key;
   for(i=1;i<size;i++){
      key=array[i];
      j=i-1;
      while(j>=0&&array[j]>key){
         array[j+1]=array[j];
         j--;
      }
      array[j+1]=key;
   }
}
```

在例 5.9 中,insertionSort 函数接收一个整数数组 array 及其长度 size 并作为参数。外层循环 for(i=1;i<size;i++)控制遍历未排序部分的起始位置。初始时,已排序部分只有一个元素,即数组的第一个元素,因此从第二个元素开始遍历。在每次外层循环中都保存未排序部分的当前元素 key,其索引为 i。同时,定义一个索引 j,其初始值为 i−1,用于指向已排序部分的最后一个元素。内层循环 while(j>=0&&array[j]>key)负责在已排序的子数组中查找适合插入 key 的位置。它从当前位置向前遍历已排序部分,直到找到第一个比 key 小的元素或者到达已排序部分的开头。在内层循环中,当发现比 key 大的元素时,将其向后移动一位,即 array[j+1] =array[j],同时 j 减 1。当内层循环结束时,j 指向的位置就是 key 应该插入的位置,因此将 key 插入 array[j+1]的位置。

5.2.3 数组查找

1. 线性搜索

线性搜索是一种简单且直观的搜索算法。线性搜索的原理是逐个比较要搜索的元素和数组中的每个元素,直到找到目标元素或者搜索完整个数组。

假设有一个包含 n 个元素的数组 array,要搜索的目标元素为 target。从数组的第一个元素开始,依次将目标元素与数组中的每个元素比较。若当前遍历的元素与目标元素相等,则搜索成功,返回该元素的索引;若不相等,则继续遍历下一个元素。若遍历完整个数组都没有找到目标元素,则返回一个特定的值表示目标元素不在数组中。

例5.10 使用线性搜索方法搜索目标元素。

```
int linearSearch(int array[],int size,int target){
    int i;
    for(i=0;i<size;i++){
        if(array[i]==target){
            return i;
        }
    }
    return -1;        //未找到目标元素
}
```

在例5.10中，linearSearch函数接收一个整数数组array及其长度size和要搜索的目标元素target并作为参数。使用for循环从数组的第一个元素开始遍历到最后一个元素，索引从0到size-1。在每次循环中都通过if（array[i] == target）判断当前遍历的元素是否等于目标元素target。如果找到目标元素就立即返回当前元素的索引i，表示找到目标元素；如果遍历完整个数组都没有找到目标元素，for循环结束后就返回-1，表示未找到目标元素。

线性搜索简单、易懂且适用于所有类型的数组，但在数据规模较大和需要频繁搜索的情况下效率较低。在有序数组中，可以考虑使用二分搜索等更高效的搜索算法。

2. 二分搜索

二分搜索是一种高效的搜索算法，主要应用于有序数组或列表中。二分搜索的原理是将搜索区间逐渐缩小一半，直到找到目标元素或确定目标元素不存在。

二分搜索的步骤如下：假设有一个数组array且数组元素已按照升序排列，要搜索的目标元素为target。初始化两个指针left和right，分别指向数组的起始位置和结束位置。在每次循环中都通过mid=（left+right）/2计算中间位置，然后比较中间元素和目标元素的大小。如果中间元素等于目标元素，则返回中间位置mid；如果中间元素大于目标元素，则更新right=mid-1，将搜索范围缩小到左半部分；如果中间元素小于目标元素，则更新left=mid+1，将搜索范围缩小到右半部分。当left>right时，说明目标元素不在数组中，搜索失败，返回-1，表示未搜索到。

例5.11 使用二分搜索算法搜索目标元素。

```
int binarySearch(int array[],int size,int target){
    int left=0;
    int right=size-1;
    int middle;
    while(left<=right){
        middle=left+(right-left)/2;
        if(array[middle]==target){
            return middle;
        }else if(array[middle]<target){
            left=middle+1;
```

```
            }else{
                right = middle - 1;
            }
        }
        return -1;//未找到目标元素
    }
```

在例 5.11 中，binarySearch 函数接收一个有序（升序）整数数组 array 及其长度 size 和要搜索的目标元素 target 并作为参数。初始化两个指针 left 和 right，分别指向数组的起始位置和结束位置。进入 while 循环，条件是 left < = right，表示当前搜索区间有效。在每次循环中都使用（left + right）/2 的方式计算中间位置 middle，确保数据不会溢出。检查中间位置 middle 处的元素与目标元素 target 的关系，如果 array[middle] = = target 则找到目标元素,返回 middle 表示索引；如果 array[middle] < target 则说明目标元素在 middle 的右侧，更新 left = middle + 1，缩小搜索范围到右半部分；如果 array[middle] > target 则说明目标元素在 middle 的左侧，更新 right = middle - 1，缩小搜索范围到左半部分；如果 while 循环结束时仍未找到目标元素（left > right）则返回 - 1，表示未搜索到。

由于每次迭代都将搜索范围缩小一半，因此二分搜索的效率较高，特别适用于搜索有序数组或列表。在大型数据集中，二分搜索通常比线性搜索快。

例 5.12　金融行业的股票交易数据分析系统设计。

```
#include <stdio.h>
#include <stdlib.h>
#include <string.h>
#define MAX_STOCKS 50
    //价格排序函数(冒泡排序)
    void sortStocks() {
     int i,j;
     float temp_price;
        for(i = 0;i < stock_count - 1; i + + ) {
            for(j = 0;j < stock_count - i - 1; j + + ) {
            if(stock_prices[j] > stock_prices[j +1]) {
              //交换价格
              temp_price = stock_prices[j];
              stock_prices[j] = stock_prices[j +1];
              stock_prices[j +1] = temp_price;
              //同步交换股票代码
              chartemp_code[6];
              strcpy(temp_code, stock_codes[j]);
              strcpy(stock_codes[j], stock_codes[j +1]);
              strcpy(stock_codes[j +1], temp_code);
            }
```

```c
            }
        }
    }

    //二分搜索股价
    void binarySearchPrice(float target) {
        int left=0, right=stock_count-1,mid;
        while(left<=right) {
            mid = left+(right-left)/2;
            if(stock_prices[mid]==target) {
              printf("找到股票:%s 价格:%.2f\n",
                    stock_codes[mid], stock_prices[mid]);
                }
            if(stock_prices[mid]<target)
                left = mid+1;
            else
                right = mid-1;
        }
        printf("未搜索到价格为%.2f的股票\n", target);
    }
    //线性搜索股票代码
    void searchStockCode(const char * target) {
    int i;
    for(i=0;i<stock_count; i++) {
            if(strcmp(stock_codes[i], target)==0) {
                printf("股票代码:%s 当前价格:%.2f\n",
                    stock_codes[i], stock_prices[i]);
                }
        }
        printf("未搜索到股票代码:%s\n", target);
    }
    //股票交易分析系统
void stockAnalysisSystem() {
        //股票代码数组(如"AAPL""GOOGL"等)
        char stock_codes[MAX_STOCKS][6];    //股票代码不多于6位,每行存储一只股票
        //最新股价数组(单位:美元)
        float stock_prices[MAX_STOCKS];
        int stock_count = 0;
        //初始化示例数据
        strcpy(stock_codes[0], "AAPL");
        stock_prices[0] = 189.84;
        strcpy(stock_codes[1], "MSFT");
```

```c
    stock_prices[1] = 373.51;
    strcpy(stock_codes[2], "GOOGL");
    stock_prices[2] = 143.25;
    stock_count = 3;
    //用户界面
    int choice,i;
    do {
        printf("\n股票分析系统(当前%d支股票)", stock_count);
        printf("\n1. 按价格排序");
        printf("\n2. 按价格搜索");
        printf("\n3. 按代码搜索");
        printf("\n4. 显示所有股票信息");
        printf("\n0. 退出\n选择: ");
        scanf("%d", &choice);
        switch(choice) {
            case 1: {
                sortStocks();
                printf("已按价格升序排序\n");
                break;
            }
            case 2: {
                float target;
                printf("输入搜索价格: ");
                scanf("%f", &target);
                binarySearchPrice(target);
                break;
            }
            case 3: {
                char target[6];
                printf("输入股票代码: ");
                scanf("%5s",target);
                searchStockCode(target);
                break;
            }
            case 4: {
                printf("\n%-8s %-10s\n", "代码", "价格");
        for(i=0;i<stock_count;i++) {
printf("%-8s $%-9.2f\n", stock_codes[i], stock_prices[i]);
            }break;
            }
        }
```

```
    }while(choice ! = 0);
}
int main() {
    stockAnalysisSystem();
    return 0;}
```

例5.12演示了排序算法在金融数据分析中的应用以及不同搜索算法的选择。通过排序可以筛选低价股和高价股，利用搜索算法可以快速定位特定价格的股票并根据股票代码查询实时股价。

5.2.4 数组的复制和合并

1. 数组的复制

数组元素的复制指的是将一个数组的内容完整地复制到另一个数组中，通常涉及创建一个新的数组，并将源数组中的每个元素都逐个复制到新数组中的相应位置。这种操作可以用于备份数组、创建数组的副本或者对数组进行排序等。在 C 语言中，可以使用循环结构或者库函数（如 memcpy）实现数组元素的复制。

示例如下。

```
void copyArray(int source[],int destination[],int size){
    int i;
    for(i = 0;i < size;i + +){
        destination[i] = source[i];
    }
}
```

copyArray 函数实现了基本的数组复制，适用于任何长度的整型数组。它简单、直观，并且在实现过程中无须使用特殊的库函数，完全依赖基本的循环结构实现复制操作。

2. 合并两个数组

合并两个数组指的是将两个数组合并成一个新数组，可以通过创建一个新的数组实现，该数组的长度为两个源数组长度之和，并将两个数组的元素逐个复制到新数组中。合并数组通常用于需要将多个数据集合合并为一个数据集的情况，比如合并两个有序数组以进行排序或者将两个数组的数据进行整合处理等。在 C 语言中，还可以使用循环结构或者库函数（如 memcpy）合并数组元素。示例如下。

```
void mergeArrays(int array1[],int size1,int array2[],int size2,int merge-
dArray[]){
    int i;
    for(i = 0;i < size1;i + +){
        mergedArray[i] = array1[i];
    }
```

```
        for(i=0;i<size2;i++){
            mergedArray[size1+i]=array2[i];
        }
    }
```

mergeArrays 函数实现了将 array1 和 array2 两个整型数组合并成一个新整型数组 mergedArray 的功能。mergeArrays 函数接收五个参数，分别是第一个数组 array1、第一个数组的长度 size1、第二个数组 array2、第二个数组的长度 size2 以及合并后的数组 mergedArray。函数没有返回值类型（void），其目的是修改合并数组 mergedArray，使其包含两个源数组 array1 和 array2 的所有元素。

例 5.13　物流行业的库存管理系统设计。

```c
#include <stdio.h>
#include <stdlib.h>
#include <string.h>
#define MAX_ITEMS 50
//物流库存管理系统(使用三个仓库演示)
void warehouseSystem(){
    //主仓库库存数组
    int main_warehouse[MAX_ITEMS]={0};
    //临时备份数组(用于复制操作演示)
    int backup_warehouse[MAX_ITEMS]={0};
    //分仓库库存数组
    int branch_warehouse[MAX_ITEMS]={0};
    int item_count=0;
    int branch_count=0;
    //初始化主仓库库存(模拟现有库存)
    printf("[系统初始化]\n");
    int init_stock[]={120,80,65,90,150};
    item_count=sizeof(init_stock)/sizeof(int);
    //数组复制
    memcpy(main_warehouse,init_stock,sizeof(init_stock));
    //用户输入分仓库数据
    printf("\n输入分仓库库存(最多%d件,输入-1结束):\n",MAX_ITEMS);
    for(;branch_count<MAX_ITEMS;branch_count++){
        printf("物品%d数量:",branch_count+1);
        scanf("%d",&branch_warehouse[branch_count]);
        if(branch_warehouse[branch_count]==-1) break;
    }
    //创建合并后的库存数组(动态内存分配)
    int total_items=item_count+branch_count;
    int*merged_warehouse=malloc(total_items*sizeof(int));
```

```c
    //合并主仓库库存数组和分仓库库存数组
memcpy(merged_warehouse,main_warehouse,item_count*sizeof(int));
    //复制主仓库库存数组
memcpy(merged_warehouse + item_count, branch_warehouse, branch_count * sizeof
(int));      //合并分仓库库存数组
    //备份操作
memcpy(backup_warehouse,merged_warehouse,total_items*sizeof(int));   /*完整复制合并后的数据*/
    //显示结果
    int i;
    printf("\n[库存合并报告]");
    printf("\n主仓库库存量:");
    for(i=0;i<item_count;i++)
    printf("%d",main_warehouse[i]);
    printf("\n分仓库库存量:");
    for(i=0;i<branch_count;i++)
    printf("%d",branch_warehouse[i]);
    printf("\n合并后总库存:");
    for(i=0;i<total_items;i++)
    printf("%d",merged_warehouse[i]);
    printf("\n备份仓库验证:");
    for(i=0;i<total_items;i++)
    printf("%d",backup_warehouse[i]);
    free(mer.ged_warehouse);}    //释放动态内存
int main()
{
warehouseSystem();
return 0;
}
```

例 5.13 模拟了物流行业典型的库存数据处理需求,利用 memcpy 函数实现数组复制和数组合并,同时基于 malloc 函数实现的动态数组能够应对业务数据量的变化。

5.3 数组与函数

在 C 语言中,数组与函数之间有多种交互方式,这些交互方式使得数组在处理复杂数据和算法时更灵活、更强大。

5.3.1 数组作为函数参数传递

(1) 数组名作为参数传递给函数时,实际上传递的是数组的首地址(第一个元素的地址)。可以将形参声明为数组类型,也可以声明为指针类型。

例 5.14 数组名作为参数传递给函数的调用。

```c
#include <stdio.h>
void printArray(int arr[],int size){
    int i;
    for(i=0;i<size;i++){
        printf("%d",arr[i]);
    }
    printf("\n");
}
int main()
{
    int arr[5]={1,2,3,4,5};
    printArray(arr,5);
    return 0;
}
```

在例 5.14 中，printArray 函数的形参 int arr[ ] 接收一个整型数组作为参数，同时 int size 接收数组的长度。

（2）数组元素作为参数传递给函数时，与普通变量作为函数的参数含义相同。

例 5.15 数组元素作为参数传递给函数的调用。

```c
#include <stdio.h>
  int isEven(int num){
      return num%2==0;}
  int main()
{
    int i,arr[]={1,2,3,4,5};
    for(i=0;i<5;i++){
        if(isEven(arr[i])){
            printf("%d is even.\n",arr[i]);
        }else{
            printf("%d is odd.\n",arr[i]);
        }
    }
    return 0;
}
```

在例 5.15 中，数组元素 arr[i] 作为 isEven 函数的实参，随着循环程序的执行被分别传递给形参 num，以判断数组 arr 中的元素是偶数还是奇数。

5.3.2 返回数组的函数

C 语言不允许直接返回一个完整的数组作为函数的返回值。可以通过返回指针的方式返回数组的地址。

例 5.16 函数返回数组地址。

```c
#include <stdio.h>
int*processArray(int arr[],int size){    /*在 int*中,*表明函数 processArray 的返回
值是一个指向 int 类型的指针*/
    //修改数组元素(示例操作:每个元素都乘以2)
    int i;
    for(i=0;i<size;i++){
        arr[i]*=2;
    }
    //返回数组首地址(等价于 return &arr[0])
    return arr;}
int main()
{
    int i,numbers[5]={1,2,3,4,5};
    //将数组名(自动转换为指针)传递给函数
    int*result=processArray(numbers,5);
    //通过返回的指针访问数组
    printf("Modified array:");
    for(i=0;i<5;i++){
     printf("%d",result[i]);   //输出 2 4 6 8 10
    }
    return 0;
}
```

在例 5.16 中,processArray 函数接收一个 int 类型的数组 arr 及其长度 size 并作为参数,然后返回数组的首地址。在 main 函数中,调用 processArray 函数得到一个指向 int 类型的指针 result,接着通过指针的下标形式（result[i]）遍历输出了整个数组的所有元素。

5.4 动态数组与内存

下面介绍在 C 语言中动态内存分配的方法,以及使用 malloc、calloc、realloc 函数创建和管理动态数组的方法,并讨论内存泄漏和内存安全问题。

5.4.1 动态内存分配

动态内存分配允许程序在运行时根据需要分配内存,而不是在编译时确定内存。C 语言提供了用于动态内存分配和管理的函数。

1. malloc 函数和 free 函数

malloc 函数用于分配指定字节数的内存块,并返回一个指向该内存块的指针。free 函数用于释放之前分配的内存,以防止内存泄漏。函数原型在第 4.5.4 部分讲解过,此处不再赘述。

例 5.17 利用 malloc 函数创建动态数组,并将数组元素初始化为连续的整数值。

```
#include <stdio.h>
#include <stdlib.h>
int main()
{
    int *array;
    int n,i;
    printf("Enter the number of elements:");
    scanf("%d",&n);
    //动态内存分配
    array = (int*) malloc(n *sizeof(int));
    //检查内存分配是否成功
    if(array == NULL){
        printf("Memory allocation failed\n");
        return 1;
    }
    //使用分配的内存
    for(i=0;i<n;i++){
        array[i] = i+1;
    }
    printf("Array elements:");
    for(i=0;i<n;i++){
        printf("%d",array[i]);
    }
    //释放内存
    free(array);
    return 0;
}
```

在例 5.17 中,首先询问用户要创建的元素数量,并根据用户输入的数量动态分配一个整型数组的内存空间。然后检查是否成功分配内存,如果内存分配失败(指针 array 为 NULL),则输出错误信息并退出程序。接着使用 for 循环将数组 array 中的每个元素都初始化为其索引加 1 的值。数组的第一个元素是 1,第二个元素是 2,依此类推,直到最后一个元素为用户指定的数量 n。程序输出初始化后的数组元素,以验证初始化的正确性。最后使用 free 函数释放之前分配的动态内存,确保不再使用的内存被操作系统回收。

2. calloc 函数和 realloc 函数

calloc 函数类似于 malloc 函数,但它不仅分配内存,还将分配的内存初始化为零。realloc 函数用于调整已分配内存。

例 5.18 利用 calloc 函数创建动态数组,再利用 realloc 函数实现数组的扩容。

```c
#include <stdio.h>
#include <stdlib.h>
int main()
{
    int *array;
    int n,i;
    printf("Enter the number of elements:");
    scanf("%d",&n);
    //使用calloc函数动态分配内存并将分配的内存初始化为零
    array=(int*) calloc(n,sizeof(int));
    //检查内存分配是否成功
    if(array==NULL){
        printf("Memory allocation failed\n");
        return 1;
    }
    //使用分配的内存
    for(i=0;i<n;i++){
        array[i]=i+1;
    }
    printf("Array elements:");
    for(i=0;i<n;i++){
        printf("%d",array[i]);
    }
    //重新分配内存
    n+=5;
    array=(int*) realloc(array,n *sizeof(int));
    //检查内存重新分配是否成功
    if(array==NULL){
        printf("Memory reallocation failed\n");
        return 1;
    }
    //初始化新分配的内存
    for(i=n-5;i<n;i++){
        array[i]=i+1;
    }
    printf("\nArray elements after reallocation:");
    for(i=0;i<n;i++){
        printf("%d",array[i]);
    }
    //释放内存
    free(array);
    return 0;
}
```

例 5.18 实现了动态内存分配和内存重新分配的过程。用户输入要存储的元素数量 n，使用 calloc 函数动态分配存储 n 个整数的连续内存空间，并将分配的内存初始化为零。如果内存分配失败，则输出错误信息并退出。将分配的内存用于存储 1~n 的整数，然后输出数组的元素。此外，在原分配的基础上增加 5 个元素的内存空间，使用 realloc 函数重新分配内存。如果重新分配内存失败，则同样输出错误信息并退出。对新增加的内存初始化，存储 n~(n+4) 的整数，并输出数组的所有元素，包括重新分配后的部分。最后使用 free 函数释放动态分配的内存，以避免内存泄漏。

5.4.2 动态数组实现

动态数组可以在程序运行时根据需要调整长度，从而提高内存使用效率和程序的灵活性。我们可以通过动态内存分配函数实现动态数组。

例 5.19 内存管理函数的综合应用。

```
#include <stdio.h>
#include <stdlib.h>
void printArray(int *array,int size);
int main()
{
    int *array=NULL;
    int size=0,capacity=2;
    int i,number;
    //初始分配内存
    array = (int*) malloc(capacity *sizeof(int));
    if(array = =NULL){
        printf("Memory allocation failed\n");
        return 1;
    }
    printf("Enter numbers (-1 to end):\n");
    while(1){
        scanf("%d",&number);         //输入数组元素,由空格分隔
        if(number = = -1)break;      //若输入 -1 则结束输入
        //检查是否需要扩展内存
        if(size = =capacity){
            capacity*=2;
            array = (int*) realloc(array,capacity *sizeof(int));
            if(array = =NULL){
                printf("Memory reallocation failed\n");
                return 1;
            }
        }
        array[size++]=number;
```

```
        }
        printf("Array elements:");
        printArray(array,size);
        //释放内存
        free(array);
        return 0;
    }
    void printArray(int *array,int size){
        int i;
        for(i=0;i<size;i++){
            printf("%d",array[i]);
        }
    printf("\n");
}
```

例 5.19 实现了动态扩展数组。初始时分配能容纳 2 个整数的内存空间。用户输入一系列整数,直到输入 −1 结束输入。每次输入一个整数时,检查当前存储的元素数量是否达到当前分配的内存容量。如果达到容量上限,则使用 realloc 函数扩展数组的容量为原来的两倍。如果内存重新分配失败,则输出错误信息并退出程序。将输入的整数存储到数组中,并更新数组的长度 size。输出数组中存储的所有元素。最后使用 free 函数释放动态分配的内存,以避免内存泄漏。该示例展示了使用 malloc 函数和 realloc 函数动态分配和重新分配内存的方法,并实现了一个动态扩展的整数数组,用户可以动态输入数据,并自动扩展内存以容纳更多数据。

5.4.3 内存泄漏与内存安全

1. 内存泄漏

内存泄漏是指程序在动态分配内存后未能及时释放,使得内存无法再被使用,从而导致程序占用过多内存甚至系统崩溃。为了避免内存泄漏,应及时释放不再使用的内存。

例 5.20 内存泄漏演示程序。

```
#include <stdio.h>
#include <stdlib.h>
void createMemoryLeak(){
    int *ptr=(int*) malloc(sizeof(int) *100);
    //未释放分配的内存,导致内存泄漏
}
int main()
{
    int i;
```

```
for(i = 0;i < 1000;i + +){
    createMemoryLeak();
}
printf("Memory leak created\n");
return 0;
}
```

在例 5.20 中,每次调用 createMemoryLeak 函数时都动态分配 100 个整型 (int) 的内存空间 (100 * sizeof (int) 字节),但未调用 free 函数释放内存。因此,每次函数调用泄漏 100 * sizeof (int) 字节。如果 int 占 4 个字节 (常见情况),则单次泄漏 400 个字节。总泄漏量为 1000 次 × 400 字节 = 400000 字节 (约 390KB)。使用 malloc 函数分配的内存不会自动释放,必须显式调用 free (ptr) 函数。短期运行的程序在程序退出时,操作系统回收所有内存,看似无影响,但长期运行的程序若出现类似逻辑,如服务器等场景,持续的内存泄漏会逐渐耗尽系统的内存资源,导致程序崩溃或系统变慢。

2. 内存安全

为了确保内存安全,除及时释放不再使用的内存外,还应避免访问已释放的内存,并检查动态内存分配函数的返回值。

例 5.21 动态内存管理的正确方法。

```
#include <stdio.h>
#include <stdlib.h>
int main()
{
    int *ptr = (int*) malloc(sizeof(int) *10);
    if(ptr = = NULL){
        printf("Memory allocation failed\n");
        return 1;
    }
    free(ptr);
    //避免访问已释放的内存
    ptr = NULL;
    //检查动态内存分配函数的返回值
    int *newPtr = (int*) malloc(sizeof(int) *20);
    if(newPtr = = NULL){
        printf("Memory allocation failed\n");
        return 1;
    }
    free(newPtr);
    return 0;
}
```

例 5.21 演示了动态内存管理的正确方法。每次调用 malloc 函数时必须相应调用一次

free函数。要检查malloc函数的返回值，处理潜在失败。此外，还要释放后置空指针，避免非法访问。手动管理的内存一定要显式释放，否则会导致内存泄漏。

5.5　习题与实训

一、填空题

1. 在定义数组时，如int arr[5]中，数字5的位置必须是_____。
2. 在C语言中，二维数组在内存中按_____存储。
3. 可以使用sizeof(arr)/sizeof(arr[0])获取数组的元素数目，其中arr是数组名，sizeof(arr)用于计算_____。
4. 在函数中传递数组时，实际上传递的是_____。
5. 使用char str[] = "hello"定义的数组，长度为_____，其中str[5]的值是_____。
6. 假设int arr[5];存储在地址0x1000开始的位置（int占4字节），则arr[5]的地址是_____，访问该地址会导致_____。
7. 当数组部分初始化时（如int arr[3] = {1,2};），未初始化的元素会自动设为_____。
8. 数组可以作为函数的参数传递，但不能直接作为_____返回。

二、选择题

1. 下列（　　）语句用于动态分配内存空间。
A. int arr[10];
B. int *arr = (int *) malloc(10*sizeof(int));
C. int arr[] = {1,2,3,4,5};
D. int arr[5];
2. realloc函数的作用是（　　）。
A. 释放动态分配的内存　　　　B. 初始化动态分配的内存
C. 重新分配已经动态分配的内存　D. 分配静态内存
3. 以下代码的输出结果是（　　）。

```
int arr[] = {1,2,3,4,5};
printf("%d\n",arr[3]);
```

A. 1　　　　B. 2　　　　C. 3　　　　D. 4
4. 下列（　　）不是数组的特性。
A. 元素类型相同　　　　　　B. 内存连续存储
C. 可以动态扩展内存　　　　D. 可以通过索引访问元素
5. 在C语言中，数组的索引从（　　）开始的。
A. 1　　　　B. 0　　　　C. 随机　　　　D. -1

三、设计题

在二维数组a中选出每行的最大元素，组成一个一维数组b。

四、实训

1. 机器人路径轨迹存储。任务要求：用二维数组存储机器人移动轨迹坐标(x,y)，并找出最长静止段（即连续相同的坐标）。例如：二维数组初始化为 int path[10][2] = {{1,2},{1,2},{3,4},{3,4},{3,4},{5,6},{5,6},{5,6},{5,6},{5,6}}。

2. AI 数据预处理。任务要求：动态分配内存存储20个浮点型数据，将所有负值替换为0。

3. 简单模式识别。任务要求：统计语音指令数组中 YES 的出现次数。语音指令存储在二维数组中：char commands[8][10] = {"YES","NO","YES","STOP","YES","GO","YES","NO"};。

4. 图像边缘处理。任务要求：定义 10×10 二维数组表示图像，将四周边界的像素值设为 0。（提示：使用双重循环遍历数组）

5. 动态数据集扩展。任务要求：创建动态数组存储 AI 训练数据，初始容量5，实现自动扩容（容量不足时扩大2倍）。（使用 realloc 函数实现）

参考答案

一、填空题

1. 常量表达式 2. 行优先 3. 整个数组占用的字节数 4. 数组的首地址 5. 6, '\0' 6. 0x1014，未定义行为 7. 0 8. 整体

二、选择题

1. B 2. C 3. D 4. C 5. B

三、设计题

```
#include <stdio.h>
int main()
{
    int a[][4] = {18,42,51,9,36,4,25,43,501,29,6,62};
    int b[3],i,j,t;
    for(i =0;i <=2;i ++)
    {
        t =a[i][0];
        for(j =1;j <=3;j ++)
            if(a[i][j] >t) t =a[i][j];
        b[i] =t;
    }
    printf("\narray a:\n");
    for(i =0;i <=2;i ++)
    {
        for(j =0;j <=3;j ++)
```

```
            printf("%5d",a[i][j]);
            printf("\n");
            }
    printf("\narray b:\n");
    for(i=0;i<=2;i++)
        printf("%5d",b[i]);
    printf("\n");
    }
```

四、实训

略

【在线答题】

【在线答题】

【在线答题】

第 6 章 指 针

6.1 指针与指针变量

6.1.1 地址和指针的基本概念

【拓展视频】

【拓展视频】

在计算机编程中,理解地址和指针的概念对理解数据在程序中的存储及处理方式至关重要。在计算机中,所有数据都以字节的形式存储在内存单元中。每个内存单元都有一个唯一的地址,这个地址就像是内存单元的门牌号,可以找到并操作内存单元中的数据。

为了正确访问和操作内存中的数据,程序需要使用指针。使用指针的程序可以直接访问、操作甚至修改存储在该地址的数据,而无须知道具体的数据内容。指针的功能是将内存地址抽象化,使得程序动态地管理数据的存储和访问。内存单元的地址(指针)和内存单元中存储的内容是两个不同的概念。地址是一个标识符,用于定位数据的具体位置;内容是存储在这个位置的实际数据。指针允许程序以灵活、高效的方式处理数据,特别是在涉及动态内存分配、数据结构操作和函数调用等场景中。

地址和指针是编程中基础、核心的概念。它们不仅帮助编程人员直接操作内存中的数据,还支持现代计算机系统中许多高级功能的实现,如内存管理、指针算术和数据结构的动态调整。使用指针的程序可以更灵活、更高效地利用内存资源,从而实现复杂的算法和数据处理任务。

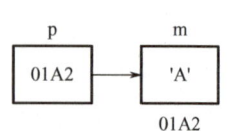

图 6-1 指针示意图

如图 6-1 所示,变量 m 存储字符'A'(ASCII 码为十进制数 65),01A2 是变量 m 的地址,指针变量 p 中存储的地址 01A2 使得 p 指向变量 m,因此可以称 p 为指向变量 m 的指针。

指针在 C 语言编程中有关键作用,它的本质是一个地址,表示内存中某个数据或代码块的位置。指针变量可以存储不同的地址值,是一种特殊的变量。指针变量常被简称为指针。为了避免歧义,我们约定指针指代地址本身,是常量;指针变量是一种存储地址的变量。指针定义的目的是访问和操作内存单元,为程序提供直接、高效地处理数据和执行代码的能力。

在实际编程中,指针变量可以指向任何数据结构或函数的首地址。例如,当指针变量存储数组的首地址时,可以通过指针访问整个数组的元素,而无须遍历每个下标;同理,通过函数指针可以动态调用不同的函数,或将函数作为参数传递给其他函数,从而实现更灵活、更高效的程序设计。引入指针概念的一个重要原因是它能够更清晰地表达数据结构在内存中的布局和关系。数据结构通常占据一组连续的内存单元,指针明确指向该结构的起始地址,使编程人员更直观地理解和操作数据。

6.1.2 变量的指针和指向变量的指针变量

指针的本质是一个地址，而指针变量是存储地址的变量。当一个指针变量存储某个变量的地址时，称该指针变量指向这个变量，也可以称之为该变量的指针。在程序中，为了清晰地表示指针变量及其指向变量的关系，通常使用 * 表示"指向"。例如，如果有一个指针变量 p，那么 * p 表示 p 指向的变量。

【拓展视频】

1. 定义指针变量

指针变量的定义包括如下内容。

（1）指针类型说明。指针类型说明变量是一个指针变量，即它存储一个地址。在 C 语言中，通过在变量名前加上 * 表示这是一个指针变量。例如，int *ptr; 表示 ptr 是一个指针变量。

（2）指针变量名。指针变量名是指针变量的标识符，以在程序中引用该指针变量。

（3）指针变量指向的变量的数据类型。指针变量指向的变量的数据类型指明了该指针变量指向的内存单元中存储的数据类型。声明指针变量时，必须指定其指向的数据类型，以使编译器正确解释指针的间接引用操作。例如，int *ptr; 中的 int 表示 ptr 指向一个整型变量。

因此，定义指针变量的一般形式如下。

```
类型说明符 *变量名;
```

在 C 语言中，一个指针变量只能指向相同类型的变量。因为指针的类型决定了其指向的内存单元中存储的数据类型，如果指针的类型与其指向变量的类型不匹配，就无法正确地访问和解释内存中的数据。试图将指针指向不同类型的变量可能会导致类型不匹配和未定义行为。因此，在使用指针时，要确保指针的类型与其指向变量的类型匹配，以避免程序出现错误。

此外，还可以将指针类型设置为 void。void * 是一种特殊的指针类型，被称为通用指针或无类型指针。void * 可以存储任何类型的内存地址，无需显式类型转换。例如：

```
int num = 42;
char ch = 'A';
void *p;
p = &num;         //指向 int 型
p = &ch;          //指向 char 型
```

但是由于 void * 不关联任何数据类型，因此无法直接解引用。例如：

```
int num = 42;
void *p = &num;          // 错误:无法直接解引用 void*
```

还需要注意 void * 定义的指针变量不能用于算术运算（如 p + +、p + 1），因为编译器无法确定偏移量。

2. 指针变量的引用

指针变量与普通变量相同,在使用之前必须定义并赋值。如果使用未经赋值的指针变量,就可能导致程序运行错误甚至系统崩溃。因为指针变量存储的是内存地址,如果没有明确赋予有效地址,程序就会尝试访问未知的内存区域,导致系统混乱。

只能为指针变量赋有效的地址值,而不能赋其他类型的数据。例如,如果有一个指向整数的指针变量 int *ptr,那么正确的赋值方式如下。

```
ptr = &some_integer;
```

其中,&some_integer 是一个整型变量 some_integer 的地址。如果为指针变量赋不是地址的值(比如整数或其他数据类型的值),就会导致类型不匹配或者将数据误解释为地址,从而引发编译器错误或程序运行错误。

因此,C 语言中的以下两个重要运算符与指针操作相关。

(1) 地址运算符 &。地址运算符用于获取变量的地址,其一般形式为"& 变量名"。例如,&a 表示变量 a 的地址,&b 表示变量 b 的地址。在使用 & 运算符之前,必须声明变量。

(2) 指针运算符 *。指针运算符也称间接访问运算符或引用运算符,用于定义指针变量和访问指针变量指向的对象。例如,如果有一个指向整型变量的指针 int *ptr,那么 *ptr 表示访问 ptr 指向的整型变量。

3. 指针变量的初始化

指针变量可以通过两种方式初始化:一种方式是在声明时直接将变量的地址赋给指针变量;另一种方式是先声明指针变量,再在后续的赋值语句中为其赋地址。指针变量只能接收有效的地址值,而不能直接为其赋整型或其他类型的数据。示例如下。

```
int a;
int *p = &a;         //将变量 a 的地址赋给指针变量 p
```

或者

```
int a,*p;
p = &a;              //将变量 a 的地址赋给指针变量 p
```

指针变量与一般变量相同,其存储的值是可以改变的,即可以改变它们的指向。若有

```
char a,b,*p1,*p2;
a = 'm';
b = 'n';
p1 = &a;
p2 = &b;
```

则建立了一种联系,如图 6-2 所示,图中两个变量的地址是假设的。

若后续程序中出现赋值表达式

```
p2 = p1;
```

则 p2 与 p1 指向同一对象 a，此时 *p2 等价于 a 而不等价于 b，如图 6-3 所示。

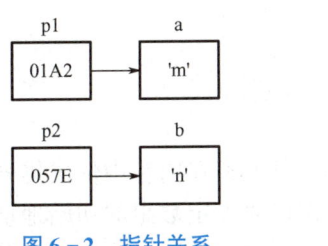

图 6-2　指针关系

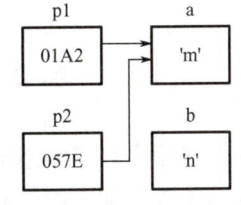

图 6-3　赋值后的指针关系

若执行的操作是

```
*p2 = *p1;
```

则表示把 p1 指向的内容赋给 p2 指向的区域，此时变成另一种关系，如图 6-4 所示。

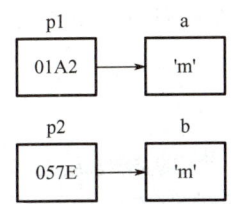

图 6-4　执行操作后的指针关系

由于通过指针访问其指向的变量是间接访问，因此在某些情况下可能比直接访问变量慢一些，尤其是在处理大量数据或复杂数据结构时。因为指针需要先获取变量的地址，再间接访问该地址的内容。相比之下，直接访问一个变量可以立即获取其值，更直观。但程序员通过改变指针变量的指向，可以访问不同的变量或数据结构，从而实现灵活的内存操作和数据处理。虽然指针访问在机制上是"间接"的，但与只能通过变量名访问的静态方式相比，它能直接定位到内存单元的地址，避免了数据复制的开销（如传递大数组时传递指针，而非传递整个数组），并支持动态内存管理、数据结构（链表、树等）的实现，最终达到直接、高效地处理数据的效果。

6.1.3　指针的运算

指针不仅可以存储地址，还可以进行运算。

1. 指针的自增和自减

指针可以通过自增和自减运算移动其指向的位置。例如，ptr++ 将指针向后移动一个单位，ptr-- 将指针向前移动一个单位。在加 1 和减 1 操作中，移动的单位是根据指针类型的大小确定的。

2. 指针比较

指针可以进行比较运算，如 ptr1 > ptr2。比较运算通常用于判断指针是否指向同一块内存或确定其在内存中的位置关系。

指针的自增、自减及比较运算对处理数组、字符串和动态内存分配都非常有用,能够提高程序的灵活性和效率。

6.2 指针与数组

数组作为一种由连续内存单元组成的数据结构,其元素在内存中依次排列。数组的地址指向第一个元素的位置,即数组的起始地址。在编译时确定数组的初始地址,并且在程序执行期间保持不变,因此其被视为一个常量。此外,数组中的每个元素都有自己的地址,取决于其在数组中的位置以及数据类型的大小。

6.2.1 数组元素的指针

【拓展视频】

由于数组中的元素在内存中连续存储,因此只要定义一个指向数组首元素的指针,就可以通过移动指针的指向访问数组中的所有元素。

在C语言中,当一个指针变量p指向一个数组的第一个元素时,p+1指向数组中的下一个元素。

举例来说,若有以下定义

```
int a[20];          //定义具有20个元素的整型数组
int *p;             //定义指向整型变量的指针
p = &a[0];          //使p指向数组第一个元素的地址
```

则指针p指向数组a的第一个元素a[0],p+1指向数组的第二个元素a[1],p+2指向数组的第三个元素a[2],依此类推,p+i指向数组的第i+1个元素a[i]。

这种指针运算机制是基于指针类型的大小计算的。int型指针p移动一位,其指向的地址通常增加4字节。因此,p+1实际上是在p的地址上加上sizeof(int)字节,以正确指向下一个整型元素的地址。

例6.1 通过指针访问数组元素。

```
#include <stdio.h>
int main()
{
    int a[20],i,*p;                         //定义数组a、整型变量的指针p
    p = &a[0];                              //将指针p指向数组元素a[0]
    for(i = 0;i < 20;i + +)
        scanf("%d",p + i);                  //使用数组元素指针输入数据
    for(i = 0;i < 20;i + +)
        printf("a[%d] = %d\n",i,*(p + i));  //使用数组元素指针输出数组元素
    return 0;
}
```

在例6.1中,主函数定义指针变量p指向数组a,使用数组元素指针p+i输入各元素值,然后使用数组元素指针按顺序输出数组中的各元素值。输入数组元素中的数据时,各

数值之间由空格符分隔。

例 6.2 数组中的指针运算。

```c
#include <stdio.h>
int main()
{
    int arr[] = {10,20,30,40,50};
    int diff;
    int *ptr1 = &arr[0];         //指向第一个元素
    int *ptr2 = &arr[3];         //指向第四个元素
    //1. 指针减法:计算元素数
    diff = ptr2 - ptr1;
    printf("ptr2 - ptr1 = %d(间隔 %d 个元素)\n",diff,diff);
    //2. 关系运算:比较指针地址
    if(ptr1 < ptr2){
        printf("ptr1 在 ptr2 之前\n");
    }else{
        printf("ptr1 不在 ptr2 之前\n");
    }
    //3. 指针与整数运算:移动指针
    int *ptr3 = ptr1 + 2;        //指向第三个元素(arr[2])
    printf("ptr1 + 2 指向的值:%d\n",*ptr3);
    //4. 关系运算验证
    if(ptr3 < ptr2){
        printf("ptr3 在 ptr2 之前\n");
    }else{
        printf("ptr3 不在 ptr2 之前\n");
    }
    return 0;
}
```

在例 6.2 中，两个指针相减的结果是这两个指针之间间隔的元素数目。比较两个指针的地址，可以判断它们的内存位置关系。实际上，指针运算仅在指向同一数组时定义是明确的，否则可能导致未定义行为。因为指针相加（如 ptr1 + ptr2）的结果无意义，所以 C 语言不允许指针相加。

6.2.2 数组指针

数组指针是指向数组在内存中起始地址的指针，即数组名本身。例如，对于定义的整型数组 int a[20]，可以通过 int *p = a 将指针 p 设置为指向数组 a 的首地址。

引入指针后，可以采用如下两种方式访问数组元素。

(1) 下标法。使用 a[i] 直接访问数组的第 i 个元素。

(2) 指针法。以 *(p+i) 或者 *(a+i) 的形式间接访问数组元素。

上述两种方法都能访问数组元素 a[i] 的值。

使用指针时，需要注意*(p++)和*(++p)的区别。*(p++)表示取 p 指向的当前元素的值后，将 p 向后移动；*(++p)表示先将 p 指针递增，再取其指向元素的值。这些操作在编程中非常常见，尤其是在需要遍历数组或执行复杂的数据结构操作时，指针的灵活性和效率至关重要。熟练运用这些方法，编程人员能够更加高效地处理数组和提高程序的性能。

例 6.3 利用数组指针对数组进行操作。

```c
#include <stdio.h>
void reverse_array(int *arr,int length){
    int *start = arr;              //定义指针变量 start 并指向数组起始地址
    int *end = arr + length - 1;   //定义指针变量 end 并指向数组最后一个元素
    int temp;
    //通过指针交换首尾元素
    while(start < end){
        temp = *start;
        *start = *end;
        *end = temp;
        start++;                   //指针向后移动
        end--;                     //指针向前移动
    }
}
int main()
{
    int arr[] = {1, 2, 3, 4, 5};
    int *ptr;
    int length = sizeof(arr)/sizeof(arr[0]);    //计算数组长度
    printf("原始数组:");
    for(ptr = arr; ptr < arr + length; ptr++){
        printf("%d",*ptr);
    }
    printf("\n");
    //通过指针反转数组
    reverse_array(arr,length);
    printf("反转后数组:");
    for(ptr = arr; ptr < arr + length; ptr++){
        printf("%d",*ptr);
    }
    printf("\n");
    return 0;
}
```

在例 6.3 中，数组名 arr 作为指针，它是数组的起始地址，等价于 &arr[0]。通过指针直接操作内存地址比下标访问高效，编译器优化后差别可能不明显，但逻辑更直接。

6.2.3 多维数组的指针

可以用指针变量指向一维数组，也可以指向多维数组。下面仅讨论二维数组的指针。首先举例说明二维数组指针的基本概念和原理。

假设有一个二维整型数组 int array[n][m];，该数组包含 n 行 m 列，共有 n×m 个元素。从二维数组的视角来看，数组名 array 代表整个二维数组的首地址，也就是第 0 行的首地址。例如，array+1 表示第 1 行的首地址，依此类推。访问二维数组中的元素时，可以采用下标法或指针法。使用指针法时，array[i] 表示第 i 行的首地址，即 &array[i][0]。因此，array[i][j] 的地址可以通过 *(array[i]+j) 访问，这里 *(array+i)+j 同样有效。

如果将二维数组 array 的第 0 行的首地址赋给一个指针变量 p，即 int(*p)[m] = array，则 p 可以看作一个指向 array[0] 的指针。使用 *(p+i)+j 或者 *(*(p+i)+j) 可以访问 array[i][j] 的值，其中 *(p+i) 就是数组 array[i] 的首地址。

例 6.4 使用指针遍历和修改二维数组。

```
#include <stdio.h>
void print_matrix(int(*matrix)[3],int rows){
    int i,j;
    int *row_ptr;
    for(i=0;i<rows;i++){
        //获取当前行的起始地址
        row_ptr=matrix[i];
        for(j=0;j<3;j++){
            //通过指针访问元素
            printf("%d",*(row_ptr+j));
        }
        printf("\n");
    }
}
int main(){
    int arr[2][3]={{1,2,3},{4,5,6}};
    int i,j;
    int *row_start;
    //1. 直接通过数组名访问(数组名是首行地址)
    printf("原始数组：\n");
    print_matrix(arr,2);
    //2. 使用指针修改二维数组
     int (*ptr)[3]=arr;          //定义指向二维数组的指针
    ptr[1][2]=99;                //修改第 2 行第 3 列的元素
    //3. 通过指针算术运算遍历数组
    printf("\n 修改后的数组：\n");
```

```
    for(i=0;i<2;i++){
        //获取当前行的首地址
        row_start = *(ptr+i);
        for(j=0;j<3;j++){
            //通过指针偏移访问元素
            printf("%d",*(row_start+j));
        }
        printf("\n");
    }
    return 0;
}
```

在例 6.4 中，int(*ptr)[3]定义指向一维数组(含 3 个元素)的指针，用于操作二维数组的行。访问元素的两种方式如下。

(1) 下标法：ptr[i][j]等价于 arr[i][j]。

(2) 指针法：*(*(ptr+i)+j)或 *(row_start+j)。

6.2.4 指向由 n 个元素组成的一维数组的指针变量

指向由 n 个元素组成的一维数组的指针变量，在 C 语言中通常称为数组的行指针变量。其声明格式如下。

> 数组类型(*指针变量)[n];

这种声明方式很关键，因为它指定了指针变量不指向单个元素，而指向一维数组的行。例 6.4 中的 int (*ptr)[3]就是指向一维数组（含 3 个元素）的指针，用于操作二维数组的行。

在 C 语言中，(*指针变量) 中的括号不可缺少，以确保指针变量被正确解释为指向一维数组的行，而非一个指针数组。因为下标运算符[ ]的优先级比指针运算符 * 高，所以指针变量先与[n]结合成一个数组，再与前面的指针 * 运算符结合成指向数组的指针。

一旦将二维数组的名称赋给行指针变量（如 int (*ptr)[3] = arr;），*(指针变量+i)+j 就可以有效地指向二维数组 arr 中的元素 arr[i][j]。

6.2.5 指针数组

指针数组是一种特殊的数组，其中每个元素都是指针类型的数据。这种数据结构特别适用于需要处理多个字符串或者多个具有不同长度和类型的数据项的情况。

在 C 语言中，定义一维指针数组的格式如下。

> 数据类型 *数组名[数组长度];

例如，int *p[10];定义了一个包含 10 个元素的指针数组。在该数组中，每个元素 p[i]都是一个指向 int 型数据的指针，说明 p 是一个数组，包含 10 个指向整数的指针变量。

指针数组在实际应用中有广泛的用途,尤其是在处理字符串时较方便。举例来说,可以声明一个指针数组来存储多个字符串,每个字符串的长度都可以不同。例如 char *strings[5];定义了一个指针数组,包含 5 个指向字符型数据的指针,其中每个 strings[i] 都可以指向一个独立的字符串,这些字符串的长度可以不同,由编程人员动态分配内存进行管理。

虽然指针数组可以通过 arr[i][j] 的形式访问数据,但它不等于"数组的数组"(二维数组),因为每个指针指向的数组在内存中可以不连续,int *arr[3] 定义了一个包含 3 个指向 int 类型的指针数组,这些指针可以指向不同长度的 int 类型数组,通过它可以方便地管理多个长度可变的整型数据集合。

例 6.5 使用一维指针数组对多个传感器采集的数据动态管理,以实现智能农业环境监测系统设计。

```c
#include <stdio.h>
#include <stdlib.h>
#include <string.h>
//模拟传感器数据获取函数
float get_temperature()
{return 25.6f;}
int get_humidity()
{return 68;}
char* get_soil_status()
{return "moist";}
//数据序列化函数
void serialize_data(void** sensors,char* buffer){
    char temp[50];
snprintf(temp,sizeof(temp),"T:%.1f,H:%d%%,S:%s",
    *(float*)sensors[0],*(int *)sensors[1],(char *)sensors[2]);
    strcpy(buffer,temp);}
int main()
{
    //创建指针数组管理三类传感器数据
    void* sensor_data[3];
    //动态分配内存并获取传感器数据
    float* temp=malloc(sizeof(float));
    *temp=get_temperature();
    int* humidity=malloc(sizeof(int));
    *humidity=get_humidity();
    char* soil=malloc(20);
    strcpy(soil,get_soil_status());
    //将指针输入数组
    sensor_data[0]=temp;
    sensor_data[1]=humidity;
    sensor_data[2]=soil;
```

```c
//实时数据上报(模拟 MQTT 发送)
char payload[100];
serialize_data(sensor_data,payload);
printf("Sending:%s\n",payload);
//动态数据处理示例:温度异常检测
if(*(float*)sensor_data[0] > 30.0f){
    printf("Temperature alert!\n");
}
//释放资源
free(sensor_data[0]);
free(sensor_data[1]);
free(sensor_data[2]);
return 0;
}
```

在例 6.5 中,利用 void * 指针数组统一管理不同数据类型(float、int、char),并通过动态内存分配获取传感器数据。这种设计不仅提高了代码的灵活性,还能适应农业生产场景多种数据类型的管理需求。其中 snprintf 函数主要用于把格式化的数据写入一个字符数组,并且可以限制写入的字符数量,从而避免出现缓冲区溢出问题。

6.3　指针与函数

在 C 语言中,指针可以用于传递函数的参数,也可以用于返回函数的结果或状态。这种机制允许函数更灵活地操作数据,尤其是在处理大量数据或需要动态分配内存时。指针作为函数参数,使得函数能够直接修改传递给它的变量的值。通过传递变量的地址(指针),函数可以在函数体内部修改原始变量的值。指针还可以用于返回函数的结果或状态。例如,函数可以通过返回指针指示其创建或修改的动态分配的内存块的地址。这种机制允许函数返回变量、数组或者动态分配内存区域的地址,使得函数可以在不返回结构体或复杂数据类型的情况下返回多个值。

在第 5 章提到过,C 语言不允许直接返回一个完整的数组作为函数的返回值,但可以通过返回指针的方式返回数组的地址。

例 6.6　函数返回指针。

```c
#include <stdio.h>
int* getFirstElement(int arr[],int size)
{
    if(size>0){
        return &arr[0];
    }else{
        return NULL;
```

```c
        }
    }
    int main(){
        int arr[]={10,20,30,40,50};
        int size = sizeof(arr)/sizeof(arr[0]);
        int* firstElement = getFirstElement(arr,size);
        if(firstElement!=NULL){
            printf("The first element of the array is:%d\n",*firstElement);
        }else{
            printf("The array is empty. \n");
        }
        return 0;
    }
```

在例 6.6 中，getFirstElement 函数接收一个整型数组和数组的大小作为参数，并返回指向数组第一个元素的指针。在 main 函数中，调用该函数并打印数组的第一个元素。而函数 getFirstElement 是一个指针函数。

6.3.1 指针函数

指针函数在 C 语言中是一个特殊的函数类型，其声明格式与普通函数类似，但其返回值是一个指针，而不是普通的数据类型。理解指针函数的核心在于其返回的是一个地址值。

指针函数的声明格式如下。

```
类型标识符 *函数名(参数表)
```

示例如下。

```
int *f(int x,int y);
```

其中，f 是一个指针函数，返回一个 int 类型的指针，调用 f 函数时计算并返回一个指向 int 型数据的地址。

在实际应用中，指针函数的返回值必须被一个相同类型的指针变量接收，因为返回的是一个地址，而不是实际的数据。指针函数的实际用途非常广泛，特别是在需要动态分配内存、返回数组或结构体等复杂数据类型时。通过返回地址，指针函数可以有效地处理大量的数据或动态分配的数据结构，如动态创建数组、链表等数据结构。

此外，指针函数还可用于函数指针的初始化。函数指针是指向函数代码的地址；而指针函数是一个函数，其返回值是一个指针。虽然两者有相似的声明格式，但用途和含义完全不同。函数指针用于实现回调函数、动态函数调用等，而指针函数用于返回地址以动态操作或处理数据。

6.3.2 函数指针

函数指针的本质是一个指向函数的指针变量。在 C 语言中，可以将函数名视为函数代码在内存中的地址。因此，函数指针存储函数的初始地址，可以通过函数指针间接地调用函数，而不必直接使用函数名。

函数指针的声明格式如下。

返回类型 (*指针名称)(参数列表);

例如

int (*ptr)(int);

表示 ptr 是一个指向返回类型为 int、参数为一个 int 型变量的函数的指针。

函数指针的声明格式与普通函数的声明格式相似，但用途完全不同。函数指针本身并不执行函数体中的代码，而允许在程序运行时动态地选择调用的函数。函数指针特别适用于实现回调函数、动态函数调用以及模块化程序设计中的灵活代码重用。

将函数地址赋给函数指针变量，我们可以根据需要使用同一个函数指针调用不同的函数。

另外，函数指针还可以用于实现函数的动态加载和执行。例如事件处理系统中的事件回调或者库中的插件机制，允许用户根据需要动态加载并执行不同的功能模块。

声明和使用函数指针时，需要特别注意参数类型和数量的一致性。虽然函数指针可以指向多个函数，但它们的参数类型和数量必须与函数指针本身声明的一致，否则会导致编译错误或运行错误。

6.4 高级指针应用

在系统编程和底层开发中，C 语言中的指针具有重要的应用价值。

6.4.1 内存管理

指针能够帮助编程人员动态地管理内存，其在嵌入式系统或资源受限环境中的应用尤为关键。指针可以用于动态分配内存。在 C 语言中，使用 malloc 函数可以根据需要在程序运行时分配内存。因此，程序可以根据实际需求灵活地分配内存，而不事先静态分配固定大小的内存块。另外，使用 free 函数，指针还可以手动释放已分配的内存，其在长时间运行的系统或需要频繁分配释放内存时尤为重要。此外，指针还常用于处理复杂数据结构，如链表、树等。通常需要为这些数据结构动态添加、删除节点，并且要求内存管理高效。使用指针，程序可以轻松地在内存中操作节点，动态调整数据结构的大小和形状，以满足实际需求。

6.4.2 操作系统开发

1. 直接访问硬件内存

操作系统和驱动程序需要直接与计算机硬件交互，如读取或写入设备寄存器、操作

DMA 控制器等。这些操作通常要求访问特定的物理内存地址，而指针能够提供直接访问内存的能力。将硬件寄存器的物理地址映射到指针，编程人员可以直接读写硬件状态和控制信息，以完成底层设备操作。

示例如下。

```
#define DEVICE_REG_ADDR 0x1000
//假设设备寄存器的物理地址是0x1000
volatile unsigned int* device_reg = (unsigned int*)DEVICE_REG_ADDR;
//读取设备寄存器的值
unsigned int reg_value = *device_reg;
//写入新的值到设备寄存器
*device_reg = new_value;
```

在上述示例中，device_reg 是一个指向硬件设备寄存器的指针，对该指针进行读写操作实现了与硬件的直接交互，这对操作系统和驱动程序开发至关重要。

2. 内存映射和物理地址访问

操作系统通常需要管理物理内存，包括内存页表、虚拟内存到物理内存的映射等。指针可以用于直接访问物理地址，执行特定的内存管理操作，如分配和释放内存页以及更新页表。

```
//通过指针访问物理内存
unsigned char *physical_mem_ptr = (unsigned char *)0x20000000;
//在物理内存中写入数据
physical_mem_ptr[0] = 0xAB;
physical_mem_ptr[1] = 0xCD;
```

操作系统能够有效地管理和利用物理内存资源，支持虚拟内存系统的实现，从而提高系统的整体性能和稳定性。

3. 驱动程序开发

驱动程序是操作系统的一部分，用于管理和控制计算机的外部设备。指针在驱动程序中应用广泛，如直接访问设备数据、实现中断处理程序等。指针允许驱动程序直接处理设备数据缓冲区，从而减少数据传输的复制次数和处理延迟，提高数据传输的效率和响应速度。

下面以驱动程序中的中断处理函数为例。

```
void interrupt_handler(){
    //读取设备数据缓冲区的指针
    unsigned char *device_buffer = get_device_buffer();
    //处理接收的数据
    process_data(device_buffer);
    //清除中断状态
    clear_interrupt();
}
```

在上述示例中，device_ buffer 是指向设备数据缓冲区的指针，通过直接操作指针，驱动程序可以高效地处理设备中断，并快速响应设备状态变化。

通过这些具体示例可以看出，在系统编程和底层开发中，C 语言中的指针不仅支持直接访问内存和硬件，还支持高效的数据处理和系统资源管理。

6.5 指针安全

尽管指针在 C 语言中具有较强的灵活性和控制力，但容易引入以下问题。

（1）空指针。未初始化或者指向空地址的指针称为空指针。解引用空指针会导致程序崩溃或未定义行为。

（2）野指针。野指针是指其指向的内存已经被释放或者不再有效，但指针本身仍然保留。使用野指针会导致未定义行为，可能访问意外的内存区域。

（3）指针运算错误。需要谨慎处理指针算术运算，如果没有正确计算偏移量或者越界访问，就可能导致程序崩溃或者数据损坏。

（4）内存泄漏。如果没有正确释放动态分配的内存，就会导致内存泄漏，程序运行时间增加，从而导致系统资源耗尽。

总之，指针在 C 语言中是一个重要且强大的工具，允许直接访问和操作内存地址，对高级数据结构和动态内存分配至关重要。理解指针的基本概念、语法以及掌握运算规则是学习 C 语言的基础。

6.6 习题与实训

一、填空题

1. 指针变量存储的是另一个变量的_____。
2. 数组名本质上是一个_____。
3. 声明一个指向 double 类型的指针：_____。初始化该指针指向变量 d：_____。
4. 指针变量的声明格式为_____。
5. 函数指针可以实现_____。
6. 数组名在表达式中会退化为指向_____的指针。
7. 未初始化的指针称为_____指针，解引用它会导致_____。
8. 指针比较（如 p1 = = p2）只有在_____或_____时才有明确定义。
9. *(arr+3) 完全等价于_____，这种写法称为_____表示法。
10. 空指针的值是_____。
11. 指针与整数进行加法运算时，整数会被自动乘以_____。
12. 字符指针 char *s ="hello" 指向_____内存，内容_____（能/不能）修改。
13. 可指向任意类型的指针 void * _____（能/不能）直接算术运算，必须转换为_____。
14. 函数返回指针时，应该返回_____。
15. 对于 char *ptr，ptr+5 表示指针值增加_____字节。

16. 当指针作为函数参数时，传递_____。
17. 声明一个指向函数的指针，该函数接受 char * 参数并返回 int：_____。
18. int *arr[5]；声明的是_____，而 int (*arr)[5]；声明的是_____。
19. 两个指针比较（如 p == q）的实际意义是_____，而非比较它们指向的值。
20. 可以通过_____运算符获取变量的地址。

二、选择题

1. 指针变量的声明格式是（   ）。
   A. int *ptr；   B. ptr int；   C. ptr *int；   D. *int ptr；
2. 在代码 int *p；中，* 的作用是（   ）。
   A. 乘法运算符   B. 声明 p 为指针类型
   C. 解引用 p 指向的值   D. 定义指针算术
3. 数组名 arr 在表达式中等价于（   ）。
   A. &arr[0]   B. &arr   C. sizeof（arr）   D. 数组首元素值
4. 在 C 语言中，指针可以实现（   ）。
   A. 传递数组给函数   B. 传递结构体给函数
   C. 传递函数给函数   D. 以上都是
5. 下列（   ）操作符用于指针解引用。
   A. &   B. *   C. %   D. ->
6. 函数 void func(int arr[ ]) 的参数实际是（   ）。
   A. 传递数组副本   B. void func（int *arr）
   C. 仅传递数组长度   D. 编译错误
7. 下列（   ）语句是指针常见的用法。
   A. int *ptr = NULL；   B. int ptr = &a；
   C. *ptr = &a；   D. int *ptr = a；
8. 二维数组 int mat[3][4]中 mat[1]的类型是（   ）。
   A. int   B. int *   C. int * *   D. int[4]
9. 在函数中修改指针的值，应该传递（   ）。
   A. 指针的地址   B. 指针的值   C. 指针本身   D. 指针的类型
10. 若 int a = 20；int *p = &a；，则 *p 的值为（   ）。
    A. p 的地址   B. a 的地址   C. 20   D. 错误，无法解引用
11. 检查指针 p 是否为空指针的正确方式是（   ）。
    A. if(p == 0)   B. if(p == NULL)   C. if(!p)   D. 以上都正确
12. 若 int arr[5] = {1,2,3,4,5}；int *p = arr；，则 p + 2 指向（   ）。
    A. arr[0]   B. arr[1]   C. arr[2]   D. 错误，指针不能相加
13. 下列（   ）语句正确地将指针指向整型变量 a 的地址。
    A. int *ptr；*ptr = a；   B. int ptr；ptr = &a；
    C. char *p；p = a；   D. int *p；p = &a；
14. 下列（   ）语句是合法的指针操作。
    A. &   B. ->   C. *   D. 以上都是
15. 对于 int arr[5]；，以下说法正确的是（   ）。

A. arr 是一个指针变量

B. arr 可以被赋值（如 arr = &x）

C. arr 在大多数表达式中会隐式转换为指针

D. sizeof(arr) 返回指针大小

三、设计题

1. 编写一个程序，交换两个整数的值，以指针为参数传递。

2. 编写一个函数，计算数组中所有元素的和，以指针为参数传递。

3. 编写一个函数，将一个字符串逆序存储，以指针为参数传递。

四、实训

1. 传感器数据处理。任务要求：使用指针遍历温度传感器数组，将超过 50℃ 的值替换为 50。

2. 图像像素反转。任务要求：使用指针操作实现 8 像素×8 像素的灰度图像反色（255 变为 0，0 变为 255）。

3. AI 模型选择器。任务要求：使用函数指针实现不同 AI 模型的选择调用。例如，如下两个函数。

```
void logistic_regression(){printf("Running LR\n");}
void decision_tree(){printf("Running DT\n");}
//根据输入参数选择模型(输入1调用LR,输入2调用DT)
```

参考答案

一、填空题

1. 内存地址 2. 地址 3. double *ptr;, ptr = &d; 4. 数据类型 *变量名； 5. 函数回调 6. 数组首元素 7. 野指针、未定义行为 8. 指向同一数组元素，都是 NULL 9. arr[3]，指针偏移 10. 0 11. 指向类型的大小 12. 只读段，不能 13. 不能，具体类型指针 14. 动态分配的内存地址 15. 5 16. 地址 17. int（*fun）（char*）； 18. 指针数组、数组指针 19. 判断是否指向同一内存地址 20. &

二、选择题

1. A 2. B 3. A 4. D 5. B 6. B 7. A 8. B 9. A 10. C 11. D 12. C 13. D 14. D 15. C

三、设计题（主函数自行设计）

1.

```
void swap(int *a,int *b){
    int temp = *a;
    *a = *b;
    *b = temp;
}
```

2.

```
int sumArray(int *arr,int size){
    int i,sum=0;
    for(i=0;i<size;++i){
        sum+=*(arr+i);
    }
    return sum;
}
```

3.

```
void reverseString(char *str){
    int len=strlen(str);
    char *start=str;
    char *end=str+len-1;
    while(start<end){
        char temp=*start;
        *start=*end;
        *end=temp;
        start++;
        end--;
    }
}
```

四、实训

略

【在线答题】

【在线答题】

【在线答题】

第 7 章 结构体与复杂数据结构

7.1 结构体的定义与结构体变量的引用

结构体是一种用户定义的数据类型，可以存储不同数据类型的成员变量，这些成员变量在内存中依次排列，分别占据独立的内存空间。在前面章节的例题中出现过结构体类型，使用结构体可以组合相关数据，以一个单元管理和操作数据。

7.1.1 结构体的定义

1. 结构体类型的定义

【拓展视频】

结构体是一种用户定义的复合数据类型，用来表示多个不同类型数据成员的集合。结构体类型定义了结构体的模板，描述了数据类型的结构，包括每个成员的名称和数据类型。

定义结构体类型时，需要使用 struct 关键字并加上结构体类型的名称，然后在大括号内定义每个成员的名称和数据类型。

```
struct 结构体名
{
    类型名 成员名1;
    类型名 成员名2;
    类型名 成员名3;
    ……
    类型名 成员名n;
};
```

示例如下。

```
struct Person
{
    char name[50];
    int age;
};
```

在上述示例中，struct Person 是结构体类型，包含两个成员变量 name 和 age。

结构体中成员变量的命名必须唯一，即同一结构体中的成员变量不能同名，因为结构体的成员变量在结构体作用域内必须是唯一标识符。然而，结构体外部的变量可以与结构体内的成员变量同名，因为它们处于不同的作用域。

2. 结构体变量的定义与初始化

结构体变量是根据结构体类型创建的实际存储数据的变量,使用结构体变量可以访问和操作结构体中的成员。

定义结构体变量通常有以下两种形式。

(1) 先声明类型再定义变量名。

【拓展视频】

```
struct 结构体名
{
    类型名 成员名1;
    类型名 成员名2;
    类型名 成员名3;
    ……
    类型名 成员名n;
};
struct 结构体名 变量名1,变量名2,…,变量名n;
```

(2) 在声明类型的同时定义变量名。

```
struct 结构体名
{
    类型名 成员名1;
    类型名 成员名2;
    类型名 成员名3;
    ……
    类型名 成员名n;
}变量名1,变量名2,…,变量名n;
```

定义结构体变量后,没有确定的值,可以在定义变量的同时进行赋值初始化。将结构体类型变量各成员的初始值按顺序放在大括号中,并用逗号分隔。

示例如下。

```
struct Stu
{
    int num;
    char name[60];
    char sex;
    int age;
    float score;
    char address[60];
}student1 = {2024007,"Wendy",'F',20,725.0,"Kunming"};
```

上述示例定义并初始化了一个名为 student1 的结构体变量,其中 num 是学号,值为 2024007;name 是姓名,字符串为"Wendy";sex 是性别,字符为'F';age 是年龄,值为 20;score 是分数,值为 725.0;address 是地址,字符串为"Kunming"。

7.1.2 结构体变量的引用

结构体变量可以像其他类型的变量一样赋值、存取或运算，不同的是结构体变量必须以成员为基本单位。

1. 结构体类型变量的引用格式

通过引用每个成员来实现引用结构体类型变量，其一般格式如下。

> 结构体变量名.成员名

例如：student1.sex 表示第一个人的性别，student2.score 表示第二个人的成绩，其中"."是成员运算符，在 C 语言的运算符中，除了圆括号"()"、下标运算符"[]"和指向结构体成员运算符"->"，结构体成员运算符"."的优先级最高，因此上述引用结构体成员的写法可以作为一个整体。

2. 结构体变量的引用规则

定义结构体变量后，可以使用该结构体变量，但应该遵循如下规则。

（1）不能将结构体变量作为一个整体输入和输出。在 C 语言中，结构体变量不能作为一个整体输入和输出，而应逐个访问结构体的成员，并通过合适的函数输入或输出每个成员的值。

（2）结构体变量中各成员的使用方法与普通的简单类型变量完全相同。由于结构体成员变量遵循普通变量的规则，因此可以对其进行赋值、比较等操作。例如整型成员 int age，可以像操作普通整型变量一样操作 student1.age。

（3）可以引用成员的地址，也可以引用结构体变量的地址。引用结构体变量的地址通常用于将变量的地址传递给函数，以便在函数内部通过指针访问和修改结构体的成员。引用成员的地址常用于需要直接操作成员内存地址的场景，例如通过指针数组来访问结构体数组中各元素的特定成员。在编程实践中，理解并正确引用结构体变量及其成员的地址是使用结构体进行高效内存管理和复杂数据结构操作的基础。

7.2 结构体数组

【拓展视频】

结构体数组是指由结构体类型元素组成的数组。在 C 语言中，可以通过定义一个结构体类型并声明一个对应的数组来创建和使用结构体数组。

定义和初始化结构体数组与定义和初始化普通数组类似，只是数组的每个元素都是结构体类型的变量。

与定义结构体变量类似，定义结构体数组通常有如下两种形式。

（1）先声明类型再定义数组名。

```
struct 结构体名
{
    类型名 成员名1;
    类型名 成员名2;
```

```
    类型名 成员名 3;
    ……
    类型名 成员名 n;
};
struct 结构体名 数组名 1[长度 1],数组名 2[长度 2],…,数组名 n[长度 n];
```

(2) 在声明类型的同时定义数组。

```
struct 结构体名
{
    类型名 成员名 1;
    类型名 成员名 2;
    类型名 成员名 3;
    ……
    类型名 成员名 n;
}数组名 1[长度 1],数组名 2[长度 2],…,数组名 n[长度 n];
```

与结构体变量初始化类似，结构体数组也可以初始化，但要求成员的类型、数量、顺序一一对应。

示例如下。

```
struct student
{
    int num;
    char name[60];
    char sex;
    int age;
    float score;
    char address[60];
}students[3] = {{1,"Alice",'F',20,85.5,"123MainSt"},{2,"Bob",'M',21,78.0,"456ElmSt"},{3,"Eve",'F',19,91.2,"7890akSt"}};
```

在上述示例中，students 是一个包含 3 个 struct student 类型元素的数组。每个元素都使用结构体初始化器 {} 初始化成员变量，按照学号、姓名、性别、年龄、分数和地址的顺序赋值。

7.3 结构体与指针

指向结构体变量的指针称为结构体指针，一般存储结构体变量的内存起始地址。使用指针可以间接访问结构体变量、数组的内容。

【拓展视频】

7.3.1 指向结构体变量的指针

结构体指针变量类似于普通指针变量，必须先有数据类型，再定义指向该数据类型的指针变量。结构体指针变量的声明格式如下。

```
struct 结构体名{...};
struct 结构体名 *结构指针变量名
```

示例如下。

```
struct student{
    int num;
    char name[20];
    float score;
};
struct student stru1 = {2024059,"Mike",88};
struct student stru2;
struct student *p = &stru1;
struct student *q;
```

上述示例展示了定义结构体、初始化结构体变量、声明结构体变量和结构体指针的方法，首先定义一个名为 student 的结构体，它有 num（整型）、name（包含 20 个字符的字符串数组）、score（浮点型）3 个成员；然后初始化一个名为 stru1 的结构体变量，分别将 2024059 赋给 num，将 "Mike" 赋给 name，将 88 赋给 score；接着声明一个名为 stru2 的结构体变量，类型为 student，但未初始化，且未定义 stru2 的成员 num、name 和 score 的值；最后定义 p 是一个指向 student 结构体的指针，且初始化为指向 stru1 的地址，q 是一个未初始化的 student 结构体指针，仅声明但没有指向任何有效的结构体实例。

使用指针引用结构体变量的成员项有以下两种形式。

(1) 使用指针运算符 *。

```
(*p).num = 2024059;
strcpy((*p).name,"Mike");
(*p).score = 88;
```

在上述代码中，通过将 *p 转换为结构体类型来访问结构体成员，例如（*p）.num 表示 p 指向结构体变量中的 num 成员。

因为成员运算符 . 的优先级高于指针运算符 *，所以需要明确告知编译器先对 p 解引用，不能省略（*p）中的()。

(2) 使用指向运算符 –>。

```
p -> num = 2024059;
strcpy(p -> name,"Mike");
p -> score = 88;
```

使用指向运算符表示 p 指向结构体变量中的 num 成员，非常形象、直观。也就是说，以下三种形式是等价的。

```
结构体变量名.成员项名
(*结构体指针名).成员项名
结构体指针名->成员项名
```

有如下定义。

```
struct student stru1 = {2024059,"Mike",88},stru2;
struct student *p = &stru1,*q;
```

针对上述定义，stru1.num、(*p).num 和 p->num 三种形式的引用是等价的。

7.3.2 指向结构体数组的指针

结构体指针变量可以指向一个结构体数组，此时结构体指针变量的值是结构体数组的首地址。结构体指针变量也可以指向结构体数组的某个元素，此时结构体指针变量的值是结构体数组元素的首地址。

1. 指向整个结构体数组

结构体指针变量可以指向结构体数组的首地址，适用于动态分配内存和向函数传递结构体数组。

示例如下。

```
struct student {
    int num;
    char name[20];
    float score;
};
//定义一个结构体数组
struct student arr[5];
//结构体指针变量指向结构体数组的首地址
struct student *ptr = arr;
```

在上述示例中，ptr 指向结构体数组 arr 的首地址，可以通过 ptr 访问结构体数组中的元素，如 ptr[0] 表示结构体数组的第一个元素。

2. 指向结构体数组的特定元素

结构体指针变量可以指向结构体数组的特定元素，其值为该元素的首地址，适用于需要直接操作特定数组元素的场景。

示例如下。

```
struct student{
    int num;
    char name[20];
```

```
        float score;
};
//定义一个结构体数组
struct student arr[5];
//结构体指针变量指向结构体数组的第三个元素
struct student*ptr = &arr[2];
```

在上述示例中,ptr 指向结构体数组 arr 的第三个元素,即 arr[2]的首地址。通过 ptr 可以直接操作或访问 arr[2]的成员。

例 7.1 利用结构体设计智能农业环境监测系统。

```c
#include <stdio.h>
#include <stdlib.h>
#include <time.h>
//枚举定义传感器类型
typedef enum {
    TEMPERATURE,
    HUMIDITY,
    LIGHT_INTENSITY}SensorType;
//枚举定义警报级别
typedef enum {
    NORMAL,
    WARNING,
    CRITICAL}AlertLevel;
//传感器结构体
typedef struct{
    int zone_id;            //区域编号
    SensorType type;        //传感器类型
    float value;            //测量值
    time_t timestamp;       //数据采集时间
}Sensor;
//动态数组容器
typedef struct{
    Sensor* data;           //传感器数组
    int capacity;           //数组容量
    int size;               //当前元素数量
}SensorArray;
//声明函数原型
void init_array(SensorArray* arr,int capacity);
void add_sensor(SensorArray* arr,int zone,SensorType type,float val);
AlertLevel check_alert(const Sensor* sensor);
void send_alert(AlertLevel level,const Sensor* sensor);
void free_array(SensorArray* arr);
```

```c
int main()
{
    SensorArray sensors;
    init_array(&sensors,3);
    int i;
    //添加传感器数据(示例)
    add_sensor(&sensors,1,TEMPERATURE,38.5);
    add_sensor(&sensors,2,HUMIDITY,18.0);
    add_sensor(&sensors,3,LIGHT_INTENSITY,1500.0);
    //遍历检测警报
    for(i=0;i<sensors.size;++i){
        AlertLevel level=check_alert(&sensors.data[i]);
        if(level!=NORMAL){
            send_alert(level,&sensors.data[i]);
        }
    }
    //释放内存
    free_array(&sensors);
    return 0;
}
//初始化动态数组
void init_array(SensorArray* arr,int capacity){
    arr->data=(Sensor*)malloc(capacity*sizeof(Sensor));
    arr->capacity=capacity;
    arr->size=0;}
//添加传感器(自动扩容)
void add_sensor(SensorArray* arr,int zone,SensorType type,float val){
    if(arr->size>=arr->capacity){
        arr->capacity*=2;
        arr->data=(Sensor*)realloc(arr->data,arr->capacity*sizeof(Sensor));
    }
    arr->data[arr->size].zone_id=zone;
    arr->data[arr->size].type=type;
    arr->data[arr->size].value=val;
    arr->data[arr->size].timestamp=time(NULL);
    arr->size++;}
//检测警报级别
AlertLevel check_alert(const Sensor* sensor){
    switch(sensor->type){
        case TEMPERATURE:
            return(sensor->value>40)? CRITICAL:
                (sensor->value>35)? WARNING:NORMAL;
```

```c
        case HUMIDITY:
            return(sensor->value<20)? CRITICAL:
                  (sensor->value<30)? WARNING:NORMAL;
        case LIGHT_INTENSITY:
            return(sensor->value<1000)? WARNING:NORMAL;
        default:
            return NORMAL;
    }
}
//发送警报信息(直接使用传感器结构体)
void send_alert(AlertLevel level,const Sensor* sensor){
    char type_str[16];
    switch(sensor->type){
        case TEMPERATURE:strcpy(type_str,"温度"); break;
        case HUMIDITY:strcpy(type_str,"湿度"); break;
        default:strcpy(type_str,"光照");
    }

    switch(level){
        case CRITICAL:
            printf("[CRITICAL] Zone %d 紧急异常!型:s 当前值:%.1f\n",
                sensor->zone_id,type_str,sensor->value);
            break;
        case WARNING:
            printf("[WARNING] Zone %d 预警!型:s 当前值:%.1f\n",
                sensor->zone_id,type_str,sensor->value);
            break;
        default:break;
    }
}
//释放动态数组内存
void free_array(SensorArray* arr){
    free(arr->data);
    arr->data=NULL;
    arr->size=arr->capacity=0;}
```

  在智慧农业中，需要实时监测多区域的环境参数（如温度、湿度、光照强度等），并通过数据分析优化种植策略。例7.1通过结构体、枚举类型和动态数据结构实现了一个简单的农业环境监测系统。其中，关键字 typedef 用于为已有数据类型（包括基本类型、自定义类型等）定义一个新的别名。它的核心作用是简化类型名称、提高代码的可读性和可维护性。

7.4 链表结构

7.4.1 链表的概念

链表是一种常见的数据结构，用于存储一系列元素。链表由多个节点组成，每个节点都包含数据（存储实际的值）和指针（指向下一个节点的地址）两部分。可以动态地分配和释放链表中的节点，与数组相比，链表具有更灵活的内存管理及插入、删除操作。

【拓展视频】

【拓展视频】

学习链表结构前，需要清楚以下三个基本概念。
（1）节点。节点是链表中的元素，包含数据和指向下一个节点的指针。
（2）头指针。头指针是指向链表中第一个节点的指针。
（3）尾节点。尾节点是链表中的最后一个节点，其指针通常为空（NULL），表示链表末尾。

链表有多种类型，如单向链表（每个节点都只有一个指针指向下一个节点）、双向链表（每个节点都有两个指针，分别指向上一个节点和下一个节点）、循环链表（尾节点指向头节点形成循环）等。本书只讨论单向链表，如图 7-1 所示。

图 7-1 单向链表

链表中的头指针存储一个地址，该地址指向一个元素。链表中的每个节点都包含用户需要的实际数据和下一个节点的地址。data 是数据域，用来存储元素的值；next 是指针域，用来存储指针。头指针指向第一个节点，第一个节点指向第二个节点，直到最后一个节点（尾节点）。尾节点的地址部分存储一个 NULL（表示空地址），链表到此结束。

结构体变量非常适合做链表中的节点，一个结构体变量包含若干成员，成员可以是 char、int、floats、double 类型，也可以是指针类型。链表利用指针类型成员存储下一个节点的地址。一般使用结构体定义单向链表节点的数据类型。

下面以学生成绩单为例。

```
struct student
{
    long num;                //数据域
    float score;             //数据域
    struct student*next;     /*结构体的递归定义,结构体 student 自身包含一个指向本结
                               构体类型的指针,此为指针域*/
}
```

上述示例定义了一个名为 student 的结构体,其包含三个成员变量:num 用于存储学生的学号,数据类型为 long;score 用于存储学生的分数,数据类型为 float;next 是一个指针,指向下一个 student 结构体的地址,从而形成链表结构。

这种结构体的定义是典型的链表节点定义方式,通过 next 指针使得每个节点都可以连接下一个节点,从而组成一个链表。

7.4.2 链表的操作

链表的主要操作有建立链表、查找与输出链表中的数据、在链表中插入节点、在链表中删除节点。

1. 建立链表

建立单链表的步骤如下。

（1）初始化头指针。创建一个指针,最初指向 NULL,表示空链表。
（2）动态创建节点。使用 malloc 或 calloc 函数为每个节点分配内存并赋值（数据）。
（3）连接节点。使用 next 指针按顺序连接节点。

建立链表的简单示例如下。

```
struct Node{
    int data;
    struct Node *next;
};
void createLinkedList(struct Node **head,int data_array[],int length){
    struct Node *current, *newNode;
    int i;
    //初始化头指针为 NULL
    *head = NULL;
    //创建并链接节点
    for(i=0;i<length;i++){
        newNode = (struct Node *)malloc(sizeof(struct Node));
        newNode -> data = data_array[i];
        newNode -> next = NULL;
        if(*head = = NULL){
            *head = newNode;                 //给空链表确定"起点"
        }else{
            current -> next = newNode;
        }
        current = newNode;
    }
}
```

上述示例用来建立单向链表。通过 createLinkedList 函数传入头指针的地址 head,以及包含数据的数组 data_array 和数组长度 length。在函数内部,首先将头指针 head 初始化为

NULL，表示空链表。然后使用循环遍历 data_array 数组中的每个元素。为每个元素动态分配内存，创建一个新节点 newNode，并将当前元素的值赋给 newNode 的 data 成员。将 newNode 的 next 指针设为 NULL，表示该节点是链表中的最后一个节点。在连接节点的过程中，根据 *head 是否为 NULL 判断是否为空链表。若 *head 是 NULL，则将 *head 指向 newNode，表示 newNode 是链表的第一个节点；否则，将 current 节点的 next 指针指向 newNode，并将 current 更新为 newNode，以便在下一次迭代中连接下一个节点。直到遍历完 data_array 数组中的所有元素，最终形成一个包含所有数组元素的单向链表。

2. 查找与输出链表中的数据

要在链表中查找与输出数据，通常从链表的头指针开始向 NULL 遍历链表。

(1) 查找链表中的数据。

查找链表中的数据时，使用一个临时指针变量从头指针开始依次访问每个节点来遍历链表。在遍历过程中，该临时指针变量逐个比较每个节点数据域中的数据与目标数据（要查找的数据）。如果找到目标数据，就可以根据需求返回节点本身或者节点的位置信息（如节点的索引）；如果遍历完整个链表都没有找到目标数据，就表示链表中不存在该数据。

示例如下：

```c
struct Node *searchLinkedList(structNode *head,int target){
    struct Node *current=head;
    while(current!=NULL){
        if(current->data==target){
            return current;
        }
        current=current->next;
    }
    return NULL;                //如果找不到目标数据就返回NULL
}
```

上述示例定义了一个 searchLinkedList 函数，用于在链表中查找特定的数据。该函数接收两个参数，第一个是指向链表头节点的指针 head，第二个是要查找的目标数据 target。在函数中，通过一个临时指针变量 current 从链表头开始遍历链表。在遍历过程中，每次都检查当前节点的数据是否等于目标数据，如果相等就返回当前节点的指针，表示找到目标数据；如果遍历完整个链表都没有找到目标数据就返回 NULL，表示链表中不存在目标数据。通过逐一比较的方式，可以有效地查找链表中是否包含特定的数据，并返回相应的结果。

(2) 输出链表中的数据。

输出链表中的数据时，同样使用一个临时指针变量从链表的头指针开始依次访问每个节点来遍历链表。当临时变量指针不为 NULL 时，输出当前节点的数据，并移动到下一个节点；当该变量指针为 NULL 时，表示已经到达链表末尾。

示例如下：

```c
void printLinkedList(struct Node *head){
    struct Node *current=head;
    while(current!=NULL){
```

```
        printf("%d->",current->data);
        current = current->next;
    }
    printf("NULL\n");
}
```

这段代码具有单向链表中输出数据的功能。通过函数 printLinkedList 传入链表的头指针 head，从链表的初始节点开始，使用一个临时指针变量 current 指向 head。然后，通过一个 while 循环，从头节点开始依次访问每个节点，直到链表末尾（current 不为 NULL）。

在循环的每一步，输出当前节点 current 的 data 成员值，并在其后面添加箭头符号，表示链接下一个节点。然后，将 current 更新为当前节点的下一个节点（current = current -> next），以便下一次循环继续输出下一个节点的数据。

当循环结束（current 为 NULL）时，表示已经到达链表末尾，输出 NULL 表示链表结束。

上述示例可以实现遍历整个链表并输出每个节点的数据，从而直观地查看链表中的所有元素。链表的这种遍历和输出操作在调试及展示链表内容时非常有用。

3. 在链表中插入节点

在链表中插入节点时，首先创建一个新节点，然后调整指针以确保将新节点正确地连接到链表。

示例如下。

```
void insertAtBeginning(struct Node **head,intdata){
    struct Node *newNode = (struct Node *)malloc(sizeof(struct Node));
    newNode->data = data;
    newNode->next = *head;
    *head = newNode;
}
```

上述示例实现了在链表头部插入节点。首先创建一个新节点 newNode；然后将新节点的 data 设置为传入的 data 值；接着将新节点的 next 指针指向当前链表的头节点 *head，表示新节点成为链表的新头部；最后通过 *head = newNode 将链表的头指针更新为新节点，实现在链表头部插入节点。

上述示例的关键是利用双重指针 struct Node **head 修改链表头指针，确保正确地改变链表的结构。

4. 在链表中删除节点

在链表中删除节点时，首先找到要删除的节点，然后调整指针以跳过要删除的节点。

示例如下。

```
void deleteNode(struct Node **head,int key){
    struct Node *temp = *head,*prev = NULL;
    //如果头节点本身是要删除的节点
    if(temp! = NULL&&temp -> data = = key){
        *head = temp -> next;            //修改头指针
        free(temp);                      //释放旧头节点的内存
        return;
    }
    //搜索要删除的节点,同时跟踪前一个节点,因为需要更改 prev -> next
    while(temp! = NULL&&temp -> data! = key){
        prev = temp;
        temp = temp -> next;
    }
    //如果没有在链表中找到要删除的节点
    if(temp = = NULL) return;
    //从链表中取消链接节点
    prev -> next = temp -> next;
    free(temp);                          //释放内存
}
```

上述示例实现了在链表中删除特定节点。首先通过指针 **head 允许修改链表的头指针,在函数开始定义两个指针 temp 和 prev,其中 temp 指向当前处理的节点,prev 是 temp 的上一个节点。

如果要删除的节点恰好是链表的头节点,即 temp 不为空且 temp -> data 等于 key,就通过 *head = temp -> next 修改头指针,然后释放 temp 指向的节点内存,完成删除操作。

如果链表的头节点不是要删除的节点就进入循环,通过遍历链表找到要删除的节点。在循环中,每次迭代都更新 prev 为当前节点 temp,并将 temp 移动到下一个节点,直到找到要删除的节点或者遍历完整个链表(temp = = NULL)。

如果找到要删除的节点就将前一个节点(prev)的指针指向当前节点(temp)的下一个节点(next),从而在链表中删除节点。最后通过 free(temp)释放节点的内存空间,完成删除操作。

上述示例的关键在于通过适当的指针操作和内存释放,确保链表在删除节点后的结构和内存管理正确。

上述多个示例涵盖单向链表的创建、遍历、插入和删除功能。每个操作都通过调整 next 指针维护链表的结构和完整性。

例 7.2 区块链交易池(Transaction Pool)管理系统设计。

```
#include <stdio.h>
#include <stdlib.h>
#include <time.h>
//交易节点结构(区块链交易基础属性)
typedef struct TransactionNode{
```

```c
        unsigned long txid;                 //交易 ID
        int gas_price;                      //手续费率(单位为 Gwei)
        time_t timestamp;                   //交易时间戳
        struct TransactionNode *next;       //下一节点指针
        struct TransactionNode *prev;
    }TxPool;                                //前驱节点(实现双向链表)
//动态权重计算函数
int calculate_priority(int gas,time_t ts){
    //时间衰减因子(每小时优先级降低10%)
int time_factor = (int)(difftime(time(NULL),ts)/3600*0.1*gas);
    return gas-time_factor;}
//按权重插入交易(维持降序排列)
void insert_sorted(TxPool** head,TxPool* new_node){
    TxPool* current;
    //空链表情况
    if(*head==NULL){
        *head=new_node;
        return;
    }
    //计算新节点权重
    int new_priority=calculate_priority(new_node->gas_price,new_node->timestamp);
    //在头部插入判断
    int head_priority=calculate_priority((*head)->gas_price,(*head)->timestamp);
    if(new_priority>head_priority){
        new_node->next=*head;
        (*head)->prev=new_node;
        *head=new_node;
        return;
    }
    //遍历查找合适位置
    current=*head;
    while(current->next!=NULL &&
          calculate_priority(current->next->gas_price,
current->next->timestamp)>new_priority){
        current=current->next;
    }
    new_node->next=current->next;
    if(current->next!=NULL){
        current->next->prev=new_node;
    }
    current->next=new_node;
```

```c
        new_node->prev=current;}
//交易打包函数(提取前N个高优先级交易)
void package_transactions(TxPool* head,int batch_size){
    int i;
    printf("\n打包区块包含交易:");
    for(i=0; i<batch_size && head!=NULL; i++){
       printf("TXID:%lu(Gas:%d)",head->txid,head->gas_price);
        //模拟从链表中删除已打包交易
        TxPool* temp=head;
        head=head->next;
        if(head) head->prev=NULL;
        free(temp);
    }
}
//内存清理函数
void cleanup_pool(TxPool* head){
    while(head!=NULL){
        TxPool* temp=head;
        head=head->next;
        free(temp);
    }
}
int main()
{
    int i;
    TxPool* pool=NULL;
    srand(time(0));}
    //模拟交易产生(动态生成1000笔随机交易)
    for(i=0;i<1000;i++){
        TxPool* new_tx=(TxPool*)malloc(sizeof(TxPool));
        new_tx->txid=1000000+rand()%9000000;
        //Gas价格为10~100 Gwei
        new_tx->gas_price=10+rand()%90;
        //时间戳在2小时内随机
        new_tx->timestamp=time(NULL)-rand()%7200;
        new_tx->next=NULL;
        new_tx->prev=NULL;
        insert_sorted(&pool,new_tx); //自动排序插入
    }
    //每3秒打包50笔交易(模拟出块)
        while(pool!=NULL){
        package_transactions(pool,50);
```

```
            //模拟新区块间隔
        sleep(3);
    }
    cleanup_pool(pool);
    return 0;
}
```

链表在 C 语言中用于动态数据管理,如内存管理、任务调度等。在例 7.2 所示的区块链技术中的交易池管理系统中,利用链表的有序性和高效插入、删除特性,模拟区块链中交易的优先级管理和区块打包过程。新交易根据手续费和等待时间动态计算优先级,插入链表维持降序。区块打包时直接从头部提取高优先级交易,每 3 秒打包 50 笔,打包后释放节点内存。

7.5 枚 举 类 型

【拓展视频】

枚举类型是 C 语言中的一种用户自定义的数据类型,用于定义一个变量只能取其中一种离散整数值。枚举类型在程序中常用于表示状态、选项、标志等有限集合的取值。通过枚举可以使用有意义的符号名代替整数常量,提高了代码的可读性和可维护性。枚举类型在编译时会进行严格的类型检查,避免与其他数据类型(如整数)随意混用。此外,编译器还会检查枚举变量是否超出预定义的取值范围。

7.5.1 枚举类型的定义

枚举类型定义的基本格式如下。

enum 枚举名{枚举值表};

在枚举值表中罗列所有可用值,这些值也称枚举元素。

例如,枚举名为 weekday,枚举值有 7 个(周一至周日)。那么被声明为 weekday 类型变量的取值都只能是七天中的某一天。

枚举变量有三种声明方式,即先定义类型再声明变量、在定义类型的同时声明变量、直接声明变量。

例如,设有变量 a、b、c 被声明为上述 weekday,则可采用如下三种声明方式。

(1) 先定义类型再声明变量。

enum weekday{sun,mou,tue,wed,thu,fri,sat};//定义类型
enum weekday a,b,c;   //声明变量

(2) 在定义类型的同时声明变量。

enum weekday{sun,mou,tue,wed,thu,fri,sat}a,b,c;   //在定义类型的同时声明变量

(3) 直接声明变量。

```
enum {sun,mou,tue,wed,thu,fri,sat}a,b,c;        //省略类型名
```

7.5.2 枚举类型变量的赋值

枚举值是常量，而不是变量，不能在程序中用赋值语句为其赋值。枚举类型的变量可以被赋值为枚举成员。

在 C 语言中，枚举类型变量的赋值有以下两种方式。

(1) 先声明枚举类型和变量名再赋值。

```
enum Color {Red,Green,Blue};
enum Color myColor;
myColor = Green;
```

先定义枚举类型 Color，再声明一个名为 myColor 的变量，并为其赋枚举值 Green。

(2) 在定义枚举类型和声明变量的同时赋值。

```
enum Color{Red,Green,Blue}myColor = Green;
```

在定义枚举类型 Color 的同时，直接声明一个名为 myColor 的变量，并初始化为枚举值 Green。如果枚举定义中未明确指定枚举值，编译器就自动按顺序为其分配整数值，从 0 开始递增。例如，在上述示例中，Red 被赋值为 0，Green 被赋值为 1，Blue 被赋值为 2。

例 7.3 利用枚举类型实现智能家居系统中的自适应照明控制。

```
#include <stdio.h>
#include <stdlib.h>
#include <time.h>
//多维枚举类型系统
typedef enum {
    //基础照明模式
    STANDARD_WHITE = 0x01,
    WARM_AMBIENCE = 0x02,
    COOL_FOCUS = 0x04,
    //情景模式
    CINEMA_MODE = 0x10,          //影院模式(自动组合色温+亮度)
    SUNRISE_MODE = 0x20,         //日出唤醒模式
    ENERGY_SAVER = 0x40,         //节能模式
    //异常状态(位掩码)
    OVERHEATING = 0x80,
    VOLTAGE_FLUCT = 0x100} LightingMode;
    //环境感知枚举
typedef enum {
    AMBIENT_LUX_LEVEL = 1,       //光照强度分级
```

```c
        MOTION_DENSITY,           //人员移动密度
        TIME_SLOT,                //时间段划分
        WEATHER_CONDITION         //天气状况
}ContextFactor;
//智能灯具控制结构体
typedef struct{
    LightingMode current_mode;
    int brightness;        //0~100%
    int color_temp;        //2700~6500K
    unsigned status;       //状态位掩码
}SmartLight;
//动态模式选择器
LightingMode auto_select_mode(ContextFactor factor,intsensor_value){
    static const int LUX_THRESHOLD=300;
    static const int MOTION_THRESH=2;
    switch(factor){
        case AMBIENT_LUX_LEVEL:
            return(sensor_value<LUX_THRESHOLD)?WARM_AMBIENCE:COOL_FOCUS;
        case MOTION_DENSITY:
            return(sensor_value>MOTION_THRESH)?TANDARD_WHITE:ENERGY_SAVER;
        case TIME_SLOT:{
            time_t now=time(NULL);
            struct tm*tm=localtime(&now);
            return(tm->tm_hour>18||tm->tm_hour<6)?CINEMA_MODE:SUNRISE_MODE;
        }
        default:
            return STANDARD_WHITE;
    }
}
//异常状态处理机
void handle_emergency(unsigned status){
    if(status & OVERHEATING){
        printf("[紧急]温度超过65℃!换至安全模式\n");
        //亮度自动降低50%
        adjust_lighting(ENERGY_SAVER,50);
    }
    if(status & VOLTAGE_FLUCT){
        printf("[警告]电压波动±15%,用稳压电路\n");
        enable_voltage_regulator();
    }
}
//模式应用函数
void apply_lighting_mode(SmartLight*light,LightingMode mode){
    //模式冲突检测
    if(light->status&(OVERHEATING|VOLTAGE_FLUCT)){
        handle_emergency(light->status);
```

```c
        return;
    }
    switch(mode){
        case CINEMA_MODE:
            light->brightness=30;
            light->color_temp=2700;
            break;
        case SUNRISE_MODE:
            //模拟日出渐变(2700K→5000K)
            for(int ct=2700;ct<=5000;ct+=100){
                light->color_temp=ct;
                update_hardware();        //实际调光操作
                sleep(1);
            }
            break;
        case ENERGY_SAVER:
            light->brightness=(light->brightness>70)?70:light->brightness;
            light->color_temp=4000;
            break;
        default:
            light->brightness=80;
            light->color_temp=4000;
    }
    printf("已切换至模式:x%X\n",mode);}
int main()
{
    SmartLight living_room={STANDARD_WHITE,80,4000,0};
    int motion_sensor=3;        //模拟传感器数据
    int lux_sensor=250;
    //环境感知决策
    LightingMode new_mode=auto_select_mode(AMBIENT_LUX_LEVEL,lux_sensor);
    apply_lighting_mode(&living_room,new_mode);
    //模拟异常触发
    living_room.status|=OVERHEATING;
    handle_emergency(living_room.status);
    return 0;
}
```

在智能家居系统中,设备可能有多种运行模式、状态和错误代码,使用枚举可以让代码更清晰。此外,可以结合节能算法,根据不同的状态动态调整设备行为。例7.3展示了将枚举用于状态管理、模式切换和错误处理的方法。例如,定义一个枚举类型表示系统状态,一个枚举类型表示运行模式,一个枚举类型表示错误代码。在代码中使用枚举类型可以使逻辑更直观。

7.6 共用体的定义与引用

共用体是 C 语言中的一种特殊数据类型，允许多个成员变量共享同一块内存空间。与结构体不同的是，共用体所有成员变量的初始地址都相同，因此它们共享同一块内存空间。在任何时刻，共用体中都只有一个成员变量有效，这取决于程序中对共用体的最后一次赋值。

共用体的所有成员变量共享同一块内存空间，可以节省内存。成员变量的存储顺序和占用空间一般由编译器决定，通常是占用空间最大的成员变量所需的空间。当程序需要在不同时间点存储不同类型的数据，但只有一种数据有效时，可以使用共用体来节省内存。在某些特定应用中，可以使用共用体处理数据的不同表现形式，以简化数据访问和处理的逻辑。

使用关键字 union 定义共用体，在其内部列出所有可能的成员变量。定义共用体类型的基本格式如下。

```
union 共用体名
{类型名 1 成员名 1;类型名 2 成员名 2;…;类型名 n 成员名 n;};
```

示例如下。

```
union MyUnion{
    int i;              //整型成员
    float f;            //浮点型成员
    char str[20];       //字符数组成员
};
```

与结构体类型变量类似，定义共用体类型变量通常有如下两种方式。
（1）先声明共用体类型再定义变量。

```
union data{
    int i;
    char ch;
    float f;
};
union data a,b;
```

首先定义共用体类型 data，然后使用 union data 类型定义变量 a 和 b，它们都能存储 int、char、float 类型的值。

（2）在声明共用体类型的同时定义变量。

```
union data{
    int i;
    char ch;
    float f;
}a,b;
```

在这段代码中,声明共用体类型的同时,通过}a,b;直接定义了两个 union data 类型的变量 a 和 b,使用 a 和 b 两个变量存储数据。该共用体的所有成员共享同一块内存空间,共用体的大小等于其最大成员的大小。例如,若 int 和 float 占 4 个字节,char 占 1 个字节,则 union data 占 4 个字节。a 和 b 是共用体类型 union data 的变量,它们可以存储 int、char、float 类型的值,但同一时间只能存储一个成员的值。

例 7.4 共用体应用示例。

```
#include <stdio.h>
union data{
    int i;
    char ch;
    float f;
}a,b;
int main()
{
    a.i = 65;
    printf("a.i = %d\n",a.i);            //输出 65
    printf("a.ch = %c\n",a.ch);          //输出 'A'(ASCII 65 对应字符 'A')
    a.f = 3.14;
    printf("a.f = %f\n",a.f);            //输出 3.14
    printf("a.i = %d\n",a.i);            //输出无意义的值(内存已被覆盖)
    return 0;
}
```

共用体运行结果如图 7-2 所示。

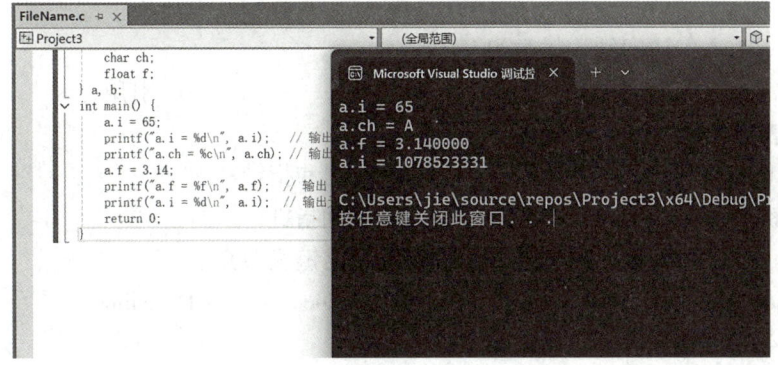

图 7-2 共用体运行结果

7.7 习题与实训

一、填空题

1. 结构体是一种用户自定义的数据类型,用于存储不同类型的数据。结构体通过

_____关键字定义,可以包含多个不同类型的成员变量。

2. 通过指针访问结构体成员使用_____运算符。

3. 结构体变量占用的内存大小是其所有成员大小的_____。

4. 结构体成员在内存中的排列顺序与_____一致。

5. 两个相同类型的结构体变量之间_____(可以/不可以)直接用等号整体赋值。

6. 链表是一种数据结构,由多个_____组成。

7. 在链表中,头指针指向链表的_____节点,尾节点的指针为_____。

8. 共用体是一种特殊的数据结构,所有成员共享_____块内存空间。

9. 共用体在任意时刻都只能由_____成员存储有效数据。

10. 遍历链表时,通常使用一个临时指针从定义顺序_____节点开始,直到指针为 NULL。

11. 定义枚举 enum Color{RED=1,GREEN=2,BLUE=4},则 GREEN | BLUE 的十进制值为_____。

12. 枚举类型的本质是_____。

13. 枚举常量可以用于 switch 语句的_____。

14. 链表节点在内存中的地址_____连续(一定/不一定)。

二、选择题

1. 共用体定义使用关键字(   )。

A. union   B. struct   C. typedef   D. enum

2. 下面(   )不是结构体的特点。

A. 可以包含不同类型的成员   B. 可以作为函数参数传递

C. 可以继承其他结构体   D. 可以定义结构体指针

3. 在结构体中,用于访问成员变量的运算符是(   )。

A. .   B. >   C. *   D. &

4. 通过(   )访问结构体数组。

A. 索引   B. 指针   C. 地址   D. 引用

5. 在链表中,每个节点都包含(   )。

A. 数据和地址   B. 数据和指针

C. 值和键   D. 键和指针

6. 下列(   )函数可以创建一个动态分配的链表节点。

A. malloc   B. free   C. realloc   D. calloc

7. 共用体的内存由(   )决定。

A. 第一个成员的大小   B. 所有成员的大小之和

C. 最大成员的大小   D. 所有成员的平均大小

8. 下列(   )语句能初始化一个枚举类型。

A. enum Color{RED,GREEN,BLUE};

B. enum {RED,GREEN,BLUE} Color;

C. Color = enum{RED,GREEN,BLUE};

D. Color enum{RED,GREEN,BLUE};

9. 在枚举类型中，每个元素的默认值都从（　　）。

A. 1 开始　　　　　B. 0 开始　　　　　C. 100 开始　　　　D. 10 开始

10. 枚举类型可以用来（　　）。

A. 定义结构体的成员　　　　　　　B. 替代数组存储数据

C. 定义一组相关常量　　　　　　　D. 控制程序的输入和输出

11. 下列（　　）语句可以正确地声明一个结构体指针。

A. struct student *ptr;　　　　　　B. student *ptr;

C. student ptr* ;　　　　　　　　D. *student ptr;

12. 在链表末尾添加节点时，应该（　　）。

A. 将新节点的 next 指针设置为上一个节点的 next 指针

B. 将新节点的指针设置为上一个节点的指针

C. 将前一个节点的指针设置为新节点的指针

D. 将头指针指向新节点

13. 共用体的主要用途是（　　）。

A. 存储数组类型的数据　　　　　　B. 存储多个结构体的数据

C. 节省内存空间　　　　　　　　　D. 提高代码的执行效率

14. 在结构体中，成员变量定义（　　）。

A. 只能是整数类型

B. 可以是整数、浮点数、字符等数据类型

C. 只能是字符型和浮点型

D. 只能是指针类型

三、设计题

1. 编写一个程序，定义一个矩形结构体 Rectangle，其包含长度和宽度字段，然后调用函数 printRectangle（需自己定义），用于输出矩形的长度和宽度。

2. 编写一个程序，初始化一个 Person 结构体变量，其包含一个人的姓名、年龄和地址（地址也可以是一个结构体变量）。

四、实训

1. 共享单车管理系统。任务要求：用结构体和链表实现共享单车信息管理，包含车辆 ID、电量、位置。

```
struct Bike{
    int id;
    float battery;
    char location[20];
    struct Bike* next;};
//要求创建三辆单车链表,实现按电量降序排列
```

2. 智能家居设备状态管理。任务要求：定义枚举类型表示设备状态，用结构体数组管理设备。

```
enum DeviceState{OFFLINE,STANDBY,WORKING,FAULT};
struct Device{
    char name[20];
    enum DeviceState state;
    float power_usage;};
//要求创建五个设备数组,统计处于 WORKING 状态的设备数量
```

3. 智能停车场管理系统。任务要求：用枚举和结构体实现停车位状态监控。

```
enum ParkState{EMPTY,OCCUPIED,RESERVED};
struct ParkingSpot{
    int spot_id;
    enum ParkState state;
    time_t enter_time;};
//要求创建10个车位数组,计算当前使用率百分比
```

参 考 答 案

一、填空题

1. struct 2. -> 3. 总和 4. 定义顺序 5. 可以 6. 节点 7. 第一个 NULL
8. 同一 9. 一个 10. 头 11. 6 12. 整数常量 13. 分类标签 14. 不一定

二、选择题

1. A 2. C 3. A 4. A 5. B 6. A 7. C 8. A 9. B 10. C 11. A 12. C
13. C 14. B

三、设计题

1.

```
#include <stdio.h>
struct Rectangle{
    int length;
    int width;
};
void printRectangle(struct Rectangle rect){
    printf("Length:%d,Width:%d\n",rect.length,rect.width);
}
int main()
{
    struct Rectangle r = {5,10};
```

```
    printRectangle(r);
    return 0;
}
```

2.

```
struct Address{
    char street[100];
    char city[50];
    char state[50];
    char country[50];
};
struct Person{
    char name[50];
    int age;
    struct Address address;
};
```

四、实训

略

【在线答题】

第 8 章 算 法

当人们讨论算法时，实际上讨论的是解决问题的方法或步骤。像建筑物的骨架支撑整个结构一样，算法是程序的"灵魂"，决定程序质量。优秀算法能够迅速、高效地解决问题，提升程序的性能和效率。C语言是一种通用的高级编程语言，在C语言程序中，算法用来实现特定功能或解决特定问题。编程人员使用C语言实现算法，并通过编译器将其转换为机器语言，以被计算机理解和执行。因此，算法在C语言程序中起关键作用，决定了程序的效率和性能。选择合适的算法可以帮助编程人员编写高效、可靠的C语言程序，从而更好地满足用户的需求。

8.1 算法概述与分类

8.1.1 算法概述

算法是一种系统化的描述，也是解决问题的一系列清晰指令。算法描述了一个计算过程，从初始状态和输入开始，通过一系列定义良好的步骤，最终得到输出和终止状态。这些步骤是明确的、有限的，并且每一步都能在有限时间内完成。算法除用于计算机数据处理外，还用于解决现实世界中的各种问题，表述人类解决问题的思路。尤其对于复杂问题，直接编写程序可能会很困难，通常先设计算法再编程。

1. 算法的特性

算法具有五个基本特性：有穷性、确定性、可行性、输入和输出。

（1）有穷性。有穷性是指算法必须在有限的步骤内执行结束，是算法设计中的基本要求，对确保算法在实际应用中有效运行非常重要。换言之，算法不能无限循环。

（2）确定性。在算法与计算理论的范畴内，确定性是一个有关键意义的核心概念。确定性保证了算法在相同输入条件下的可预测性和稳定性，对于相同的输入，算法始终产生相同的输出结果，不受执行次序或环境的影响。算法的结果可以被准确地复现和验证，对调试、测试和验证算法的正确性至关重要。此外，算法不能依赖随机事件或随机数生成，除非随机性是可控制和可重现的。所有条件分支和计算步骤都必须基于确定的规则及输入数据，而不依赖外部因素。

（3）可行性。可行性确保算法的每步操作都能通过计算机系统中已实现的基本运算有效执行，包括计算机硬件和软件能够支持的原子操作，如加法、乘法、逻辑运算等。

（4）输入。输入指的是算法接收的数据，这些数据是算法操作的基础。输入的质量和设计直接影响算法的运行效率及适用性。有效的输入设计可以帮助算法更快速地处理数据，以提高算法的整体性能。例如，对输入数据进行合理的预处理可以降低算法执行的时间复杂度，使其更适合实际应用场景。

（5）输出。输出是指算法处理输入数据后生成的结果，所有算法都至少有一个输出。

算法的输出直接反映解决问题的能力和效果。输出的质量和准确性影响算法在实际应用中的可用性及价值。

上述五个特性共同构成了算法的基本定义和运行要求。编程人员需要考虑这些特性，以便开发出高效、可靠且易理解的算法。理解这些特性有助于提高算法的质量和实用性，从而更好地解决实际问题。

2. 算法的表示方法

可以用多种方式表示算法，主要如下。

（1）自然语言描述。使用自然语言（如中文或英文）描述算法的步骤和操作，一般是为了帮助人们初步理解算法或者用于教学场景。自然语言描述作为一种简单、直接的表达方式，为算法的教学、理解、初步设计提供了重要的工具和桥梁，尤其适用于希望以通俗、易懂的方式了解算法运行原理的人群。然而，在实际算法设计和实现中，往往需要结合其他更具体、更规范的表达方式来确保算法的准确性和可行性。

（2）流程图。流程图是一种图形化的表示方法，用于展示算法的执行流程和控制结构。在流程图中，使用符号和箭头表示算法中的步骤、决策、控制流程。常见的符号有流程框（或流程节点）和箭头，流程框表示具体的算法步骤，通常包含简要的描述；箭头表示控制流的方向，即程序执行的顺序。流程框及其说明见表 8-1。

【拓展视频】　【拓展视频】　【拓展视频】

表 8-1　流程框及其说明

流程框	名称	功能
⬭	起止框	表示一个算法的起始和结束
▱	输入、输出框	表示一个算法的输入和输出操作
▭	执行框	表示具体的操作、处理步骤或计算过程
◇	判断框	判断某个条件是否成立，若成立则在出口处标明"是"或"Y"；若不成立则标明"否"或"N"

流程图能够有效地帮助人们理解和分析算法的执行过程及控制结构，是算法设计、教学和协作中的常用工具。尽管其在处理复杂细节、精确性要求、后续修改等方面存在一些挑战和限制，但在实际应用中可以根据具体的情况选择合适的表达方式来辅助算法的设计和实现。

（3）伪代码。伪代码是一种接近编程语言但不具体到语法细节的描述方式，用于展示算法的逻辑结构和步骤顺序，是设计算法和信息传递的常用工具。

（4）N-S 图（盒图）。N-S 图是一种结构化的流程图替代方式，取消了箭头，将算法的各步骤放在不同的"盒子"中，通过盒子的嵌套关系表示算法逻辑，严格遵循结构化程序设计的三大基本结构（顺序、选择、循环），从根本上避免了无规则跳转的问题，确保算法逻辑清晰、层次分明。

(5) 编程语言实现。将算法直接实现为可执行的代码，如使用 C、Python、Java、C++ 等编程语言，这种方式最贴近实际应用和计算机执行的需求。编程语言实现将算法从抽象的描述转化为可执行的实体，是算法设计和实际应用中不可或缺的一步。它具有语法规则、性能优化和实时交互等特性，能够支持算法的开发、测试和部署过程，为解决现实世界的问题提供重要的技术支持和工具。

8.1.2 算法的分类

C 语言中的算法可以按算法问题领域、算法设计技术、算法用途、算法并行性等分类。

【拓展视频】

【拓展视频】

1. 按算法问题领域分类

（1）排序算法。排序算法用于对数据集合排序，如快速排序、归并排序、冒泡排序等。排序算法可以使数据更有序，从而提高数据处理和操作的效率。

（2）搜索算法。搜索算法用于在数据结构中查找特定元素，如二分搜索、线性搜索、哈希表搜索、A*搜索等。搜索算法的优点是能够快速、准确地找到目标数据，适用性强且效率高。

（3）图算法。图算法是专门用于处理图结构的算法，其核心目标是分析和操作图的拓扑关系（如节点、边、权重等）。如深度优先搜索（depth first search，DFS）、广度优先搜索（breadth first search，BFS）、最短路径（Dijkstra 算法）、最小生成树（Prim 算法）、网络流算法（Ford-Fulkerson 算法）等。

（4）字符串处理算法。字符串处理算法用于处理字符串数据，如字符串搜索、字符串匹配等。字符串处理算法的优点是能够高效处理文本数据，支持不同文本操作和分析。如 KMP（Knuth-Morris-Pratt）算法、Boyer-Moore 算法、正则表达式匹配、Levenshtein 距离算法等。

（5）几何算法。几何算法用于解决几何计算问题，如凸包、最近点对等。几何算法具有精确的空间计算能力，支持在实际应用中对几何形状和结构进行建模、分析、优化的需求。

（6）加密算法。加密算法用于加密和解密数据，如高级加密标准（advanced encryption standard，AES）、RSA 等。加密算法在信息安全领域中起到关键作用，使数据免受恶意攻击和非法访问。

六种算法的应用见表 8-2。

表 8-2　六种算法的应用

算法类别	典型算法（C 语言实现）	行业应用
排序算法	快速排序、归并排序、冒泡排序	嵌入式系统（传感器数据处理）、高性能计算（大规模数据预处理）
搜索算法	二分搜索、线性搜索、哈希表搜索、A*搜索	数据库引擎（索引查询）、游戏开发（地图寻路）
图算法	Dijkstra、DFS、BFS、Prim、Ford-Fulkerson	网络路由（OSPF 协议）、交通导航（实时路径规划）

续表

算法类别	典型算法（C语言实现）	行业应用
字符串处理算法	KMP、Boyer-Moore、正则表达式匹配、Levenshtein距离	编译器设计（词法分析）、网络安全（协议解析）
几何算法	凸包算法、最近点对	自动驾驶（障碍物检测）、CAD软件（几何建模）
加密算法	AES、RSA	区块链（交易验证）、物联网安全（固件加密）

2. 按算法设计技术分类

（1）分治算法。分治算法用于将问题分解为更小的子问题，然后合并结果的情况。分治算法在解决一些复杂问题方面具有很大的优势，尤其适用于可以被分解为相互独立且同构子问题的情况。

（2）贪心算法。贪心算法用于在每一步选择最优选择，从而希望结果是全局最优的情况。贪心算法在一些特定问题中表现出色，能够快速求解一个接近最优解的结果，是一种常用且有效的算法设计思想。

（3）动态规划。动态规划用于将复杂问题分解为简单的子问题，并存储这些子问题的解，避免重复计算的情况。动态规划是一种高效、可行的算法设计思想，特别适合解决存在重叠子问题和最优子结构性质的问题，能够在不同领域提供有效的解决方案。

（4）迭代算法。迭代算法通过重复应用一个过程逐步逼近问题的解。迭代算法是一种灵活、有效的求解方法，在实际应用中有重要作用。

（5）递归算法。递归算法通过调用自己来解决问题。递归算法对问题的处理方式更灵活，能够处理复杂的问题结构，特别适合处理树形结构、图形结构等递归定义的问题。

3. 按算法用途分类

（1）数据处理算法。数据处理算法用于数据清洗、数据转换和数据分析。

（2）优化算法。优化算法用于寻找问题的最优解或近似最优解的算法，如线性规划、整数规划等。

（3）机器学习算法。机器学习算法用于构建模型并从数据中学习，如决策树、神经网络等。

4. 按算法并行性分类

（1）串行算法。串行算法是只能在单核上顺序执行的算法。

（2）并行算法。并行算法是可以分布在多核或多台机器上同时执行的算法。

每种算法都有特定的应用场景和优缺点。选择算法时，通常需要考虑问题的性质、数据的规模和可用的计算资源。

8.2　算法的效率与复杂度分析

高效的算法能够在最短的时间内解决问题，同时消耗最少的资源，直接影响软件系统的性能、响应速度以及用户体验。因此，深入理解和应用算法效率与复杂度分析原则至关重要。

8.2.1 算法的效率

算法的效率指的是在解决问题时消耗的资源,主要包括时间和空间两个维度。一方面,时间效率直接关系到算法的运行速度,即算法处理输入数据的时间;另一方面,空间效率关系到算法在执行过程中所需的内存空间。在实际开发中,提高算法效率不仅可以提升系统的性能,还可以节省硬件资源,特别是在移动设备和嵌入式系统等资源受限的环境中尤为重要。

8.2.2 时间复杂度分析

时间复杂度是衡量算法时间效率的主要指标,它描述算法执行时间随输入规模增长的变化趋势。它通常用大 O 记法描述,表示算法的运行时间上界。分析算法时,如果想知道随着问题规模的增大,算法需要执行的时间,就可以用 $T(n)$ 表示算法执行的次数,其中 n 是问题规模。时间复杂度是衡量算法执行时间的一个指标,通常写作 $T(n) = O(f(n))$,其中 $f(n)$ 是一个关于 n 的函数,表示随着问题规模的增大,算法执行时间的增长趋势。确定算法的时间复杂度时,要去除不重要的部分,比如常数项和低阶项;找到主导因素,保留函数中增长最快的部分;简化表示,忽略一些常数因子,最后得到的结果就是时间复杂度。

8.2.3 空间复杂度分析

空间复杂度是衡量算法空间利用效率的指标,描述算法在执行过程中所需的内存空间。随着数据量的增大,算法所需的内存空间可能增大。

与时间复杂度类似,空间复杂度也可以用一个函数表示,称为 $S(n)$,其中 n 是问题规模。空间复杂度描述算法在执行过程中临时占用的额外存储空间。分析空间复杂度时,首先确定算法在执行过程中使用的额外存储空间,包括数据结构、变量和其他临时空间的需求。然后将算法在不同输入规模下的额外存储空间需求表示为一个关于 n 的函数 $S(n)$。类似于时间复杂度,可以用大 O 记法表示空间复杂度。例如,如果 $S(n) = O(g(n))$,那么随着问题规模 n 的增大,算法需要的额外存储空间的增长速度与 $g(n)$ 相似。

空间复杂度描述算法在运行过程中临时占用的存储空间,而不是程序占用的空间。

8.3 算法在实际编程中的应用

【拓展视频】 【拓展视频】

算法在实际编程中起到至关重要的作用。在第 5 章讲解了排序算法、搜索(查找)算法,下面探讨其他经典算法在 C 语言编程中的实际应用。

8.3.1 图算法

图算法适用于解决网络路由、最短路径和网络流等问题。例如,Dijkstra 算法用于解决单源最短路径问题,它通过贪心策略选择当前路径中距离最短的节点来逐步扩展最短路径树,其时间复杂度适合处理中等规模的图结构。

例 8.1 利用 Dijkstra 算法解决单源最短路径问题。

```c
#include <stdio.h>
#include <limits.h>
#define V 9    //图中的顶点数量
//找到距离最小的顶点的索引
int minDistance(int dist[],bool sptSet[]){
    int min=INT_MAX,min_index;
    int v;
    for(v=0;v<V;v++){
        if(sptSet[v]==false&&dist[v]<=min){
            min=dist[v];
            min_index=v;
        }
    }
return min_index;
}
//打印解决方案
void printSolution(int dist[],int n){
int i;
printf("顶点到源顶点的最短距离:\n");
for(i=0;i<V;i++)
    printf("%d到%d的最短距离是:%d\n",n,i,dist[i]);
}
//Dijkstra算法
void dijkstra(int graph[V][V],int src){
    int i;
    int dist[V];       //存储最短路径长度
    bool sptSet[V];    //若 sptSet[i]为 true 则表示顶点 i 已被包含在最短路径树中
    //初始化所有距离为无穷大,所有顶点都未被包含在最短路径树中
    for(i=0;i<V;i++){
        dist[i]=INT_MAX;
        sptSet[i]=false;
    }
    //源顶点到自身的距离为 0
    dist[src]=0;
    //找到最短路径树中的每个顶点
    int count;
    for(count=0;count<V-1;count++){
        int u=minDistance(dist,sptSet);//从尚未处理的顶点中选择距离最短的顶点
        sptSet[u]=true;//将选定的顶点标记为已处理
        //更新 u 的邻居的距离
        int v;
```

```
        for(v=0;v<V;v++){
            if(!sptSet[v]&&graph[u][v]&&dist[u]!=INT_MAX&&dist[u]+graph[u][v]
             <dist[v])
                dist[v]=dist[u]+graph[u][v];
            }
        }
        printSolution(dist,src);
}
//主函数
int main()
{
    //用一个邻接矩阵表示图
    int graph[V][V]={
        {0,4,0,0,0,0,0,8,0},
        {4,0,8,0,0,0,0,11,0},
        {0,8,0,7,0,4,0,0,2},
        {0,0,7,0,9,14,0,0,0},
        {0,0,0,9,0,10,0,0,0},
        {0,0,4,14,10,0,2,0,0},
        {0,0,0,0,0,2,0,1,6},
        {8,11,0,0,0,0,1,0,7},
        {0,0,2,0,0,0,6,7,0}
    };
    dijkstra(graph,0);      //计算从顶点0开始的最短路径
    return0;
}
```

在例8.1中，利用Dijkstra算法解决从一个指定源顶点出发到图中所有其他顶点的最短路径问题。

（1）minDistance函数中的dist[ ]数组用于存储从源顶点到所有其他顶点的当前最短距离，sptSet[ ]数组用于标记顶点是否已被包含在最短路径树中。

（2）定义printSolution函数，用于输出从源顶点到所有其他顶点的最短路径长度。它接收一个距离数组dist[ ]和顶点的数量n作为参数。

（3）定义dijkstra函数实现Dijkstra算法，用于计算从给定源顶点src到图中所有其他顶点的最短路径。它包括初始化距离数组、找到最短路径树中的每个顶点以及更新顶点的邻居的距离。

程序执行流程如下。

（1）初始化距离数组dist[ ]和最短路径树集合sptSet[ ]。

（2）通过循环找到从源顶点开始到所有其他顶点的最短路径。在每次循环中选择当前距离最短且未加入最短路径树的顶点u，更新其相邻顶点的距离。

（3）在主函数中定义一个邻接矩阵graph，并调用dijkstra函数计算从顶点0开始的最

短路径。

通过 C 语言实现的 Dijkstra 算法适用于嵌入式设备、实时系统、高并发场景,成为工业与科技领域的基础设施级技术组件。

8.3.2 动态规划

动态规划算法的核心在于将复杂问题拆解为若干子问题,并通过存储子问题的解来避免重复计算,以实现算法效率的显著提升。这类算法尤其适用于解决具有重叠子问题与最优子结构特性的问题,前者意味着子问题会被多次重复求解,后者保证通过子问题的最优解推导出原问题的最优解,两者共同构成了动态规划算法的适用基础。

斐波那契数列是一个经典的动态规划问题。下面以斐波那契数列为例,展示动态规划的实现。

在斐波那契数列中,第 n 个数是前两个数的和,即 fib(n) = fib(n-1) + fib(n-2),其中 fib(0) = 0,fib(1) = 1。

例 8.2 用动态规划解决斐波那契数列问题。

```c
#include <stdio.h>
//使用动态规划计算斐波那契数列的第 n 个数
int fibonacci(int n){
    int fib[n+1],i;                    //存储中间结果
    fib[0] = 0;
    fib[1] = 1;
    for(i = 2;i < = n;i + + ){
        fib[i] = fib[i-1] + fib[i-2];  //状态转移方程
    }
    return fib[n];
}
int main()
{
    int n = 10;    //计算斐波那契数列的第 10 个数
    intresult = fibonacci(n);
    printf("斐波那契数列第%d个数是:%d\n",n,result);
    return 0;
}
```

例 8.2 解决了一个动态规划问题,fibonacci 函数使用动态规划计算斐波那契数列的第 n 个数,其中通过数组 fib 存储每个位置的斐波那契数值,避免了重复计算,提高了计算效率。

动态规划的关键是找到递推关系和状态转移方程,将问题分解为子问题,并使用数组或其他存储结构存储子问题的解。动态规划有效地减少了重复计算,适用于解决复杂问题。

动态规划的主要应用领域如下。

（1）智能物流系统。将动态规划集成到配送 App 中，实时计算最优路径，降低燃油成本和运输时间，且支持动态调整路径（如交通堵塞时重新规划）。

（2）无人机配送优化。在电池容量限制下，为无人机规划访问多个用户的最短路径。

（3）共享经济调度。可以用于共享汽车/单车的调度系统，以平衡车辆分布。

8.3.3 贪心算法

贪心算法的基本思想是每一步都选择当前状态下的最优解，从而希望得到全局最优解。例如，在金融支付的货币找零和活动选择问题中，采用贪心算法能够快速找到接近最优解的解决方案，其因具有简单和高效的特点而在实际应用中受到广泛欢迎。

例 8.3 货币找零问题是一个经典的优化问题。假设有一些面额不同的硬币（如 1 元、2 元、5 元、10 元），需要找零 K 元钱。贪心算法的思路是尽可能多地使用面额较大的硬币，以便快速减小找零的金额。

```c
#include <stdio.h>
//假设 coins 数组按面额从大到小排序
int makeChange(int coins[],int n,int K){
    int count=0;
    int i;
    //从面额最大的硬币开始找零
    for(i=0;i<n;i++){
    //计算可以使用的当前面额硬币数量
        count+=K/coins[i];
        //更新剩余需要找零的金额
        K%=coins[i];
    }
    return count;
}
int main()
{
    //假设有以下面额的硬币
    int coins[]={10,5,2,1};
    int n=sizeof(coins)/sizeof(coins[0]);
    //需要找零的金额
    int K=28;
    //调用贪心算法函数计算最少需要的硬币数量
    int minCoins=makeChange(coins,n,K);
    printf("最少需要%d个硬币找零%d元.\n",minCoins,K);
    return 0;
}
```

在例 8.3 中，makeChange 函数实现了贪心算法的核心逻辑——尽可能多地使用面额大的硬币，然后更新剩余需要找零的金额。

makeChange 函数接收 coins[]（硬币面额数组）、n（硬币种类数量）、K（需要找零的金额）三个参数。在函数内部使用一个 for 循环，从面额最大的硬币开始尽可能多地使用，直到无法使用。count += K/coins[i] 表示计算可以使用的当前面额硬币数量，然后将其累加到 count 变量中。K% = coins[i] 表示更新剩余需要找零的金额。最后函数返回找零最少需要的硬币数量 count。

在 main 函数部分定义硬币面额数组 coins，包含 4 种面额以及需要找零的金额 K（28 元），再调用 makeChange 函数得到最终结果。

8.4　算法优化技巧

作为计算机科学的核心内容，算法在实际编程中的应用不仅在于提供解决方案，还可以提升程序的性能和稳定性。在 C 语言中优化算法时可以采用许多技巧和策略，以提高代码的执行效率和性能。

1. 使用合适的数据类型和数据结构

（1）基本数据类型选择。根据数据的大小和范围选择合适的基本数据类型，如 int、float、double 等。

（2）数据结构选择。根据操作需求选择合适的数据结构，如数组、链表、栈、队列、哈希表等。例如，需要快速查找时可以使用哈希表，需要有序存储和检索时可以使用平衡二叉树或堆。

2. 优化循环结构

（1）避免不必要的循环。尽量减少循环次数，避免在循环内执行过多计算或操作。

（2）循环优化。在可能的情况下，使用更高效的循环结构，如用 for 循环代替 while 循环。

3. 减少内存访问次数

（1）局部性原理。利用程序访问数据的局部性原理，确保在内存中连续访问数据，以提高访问效率。

（2）缓存优化。避免频繁的内存访问和不必要的缓存未命中，尽可能利用缓存系统的性能。

4. 适当的算法选择

选择高效的算法，比如在排序时选择快速排序或归并排序，而不选择冒泡排序，确保算法在时间复杂度和空间复杂度上都具有较高的效率。

5. 内联函数和宏定义

（1）内联函数。使用 inline 关键字定义函数，将函数体直接嵌入调用点，避免函数调用的开销，特别是在频繁调用的小函数中。

（2）宏定义。对于简单的、频繁使用的代码片段，可以考虑使用宏定义来减少函数调用的开销，但可能会使代码更复杂。

8.5 习题与实训

一、填空题

1. 算法的时间复杂度通常用_____符号表示，该符号描述的是算法在最坏情况下的渐进上界。
2. 贪心算法的基本思想是每一步都选择当前状态下的_____，从而希望得到全局最优解。
3. 在分治算法中，问题被划分成若干相同的_____，分别解决后合并结果。
4. 动态规划通常用于解决具有重叠_____和最优子结构性质的问题。
5. _____是一种经典的搜索算法，它要求数据集合有序，通过反复将查找范围减半来快速定位目标元素。

二、选择题

1. 在算法效率与复杂度分析中，时间复杂度描述（   ）。
   A. 算法所需的运行时间　　　　　B. 算法所需的空间复杂度
   C. 算法在执行过程中的步骤数　　D. 算法中使用的变量数量
2. 下列（   ）算法用于求解最短路径问题。
   A. 贪心　　　B. 分治　　　C. 动态规划　　　D. 回溯
3. 在实际编程中，适合使用贪心算法解决（   ）。
   A. 需要找到所有可能的解　　　　B. 问题具有最优子结构性质
   C. 问题复杂度较高　　　　　　　D. 问题的解空间非常大
4. 以下（   ）不是算法的基本特性。
   A. 有穷性　　　B. 确定性　　　C. 高效性　　　D. 可行性
5. 动态规划与分治法的主要区别是（   ）。
   A. 动态规划处理优化问题，分治法处理非优化问题
   B. 动态规划有重叠子问题，分治法没有
   C. 动态规划自底向上求解，分治法自顶向下求解
   D. B 选项和 C 选项都对
6. 斐波那契数列的递归实现效率低的主要原因是（   ）。
   A. 递归深度过深　　　　　　　　B. 栈溢出风险
   C. 大量重复计算子问题　　　　　D. 时间复杂度为指数级
7. 算法的空间复杂度是指（   ）。
   A. 算法程序的长度
   B. 算法执行过程中所需的存储空间
   C. 算法所处理的数据量
   D. 算法程序中的变量数
8. Dijkstra 算法用于解决（   ）。
   A. 最小生成树问题

B. 单源最短路径问题（无负权边）

C. 最大流问题

D. 图的拓扑排序

9. 以下（　　）算法用于计算图的最小生成树。

A. Dijkstra 算法　　　　　　　　B. Prim 算法

C. Ford–Fulkerson 算法　　　　　D. A＊算法

参　考　答　案

一、填空题

1. 大 O［或 O( )］　2. 最优解　3. 子问题　4. 子问题　5. 二分搜索

二、选择题

1. A　2. C　3. B　4. C　5. D　6. C　7. B　8. B　9. B

第 9 章　创新创业流程实践

9.1　项目的选择与规划

在创新创业项目设计的初期阶段,选择合适的项目和有效的规划至关重要。

9.1.1　项目选择

项目选择是整个创业过程的基础,关系到项目的发展和成功。选择项目时,应综合考虑以下关键因素。

(1) 市场需求分析。通过深入的市场调研和竞争分析,确定目标市场的需求和趋势,包括分析市场规模、增长率、竞争对手情况以及消费者的偏好和行为习惯等。只有深入了解市场,才能选择符合市场需求且有发展潜力的项目。

(2) 技术可行性评估。评估项目所需的关键技术是否可行和成熟,不仅涉及技术的实现难度,还包括团队是否具备必要的技术能力或能否通过合作获得支持。技术的选择和实施方案直接影响项目的执行效率及成本控制。

(3) 团队能力匹配。评估团队成员的专业技能和经验,确保团队有效执行项目计划并迅速应对可能的挑战。优秀的团队是项目成功的重要保障,团队的专业能力和协作能力直接影响项目实施的质量和效率。

9.1.2　项目规划

项目规划是项目成功的关键,它为项目提供清晰的路线图和有效的管理框架。在项目规划阶段,应重点关注以下要素。

(1) 设定明确的项目目标。明确项目的长期愿景和短期目标,包括所占市场份额、产品功能实现等。项目目标应该具体、可量化,并与市场需求和团队能力匹配。

(2) 制定详细的时间线和里程碑。确定项目的启动时间、关键阶段和完成日期。在时间线上设立清晰的里程碑,有助于监测项目的进展并及时调整策略,确保按时高质量完成项目。

(3) 资源分配和风险管理。合理分配人力、物力和财力资源,制定有效的风险识别和应对策略。在项目执行过程中可能面临市场风险、技术风险和竞争风险,需要提前评估和制定应对措施。

通过科学的项目选择和周密的项目规划,创业团队能够在复杂多变的市场环境中保持灵活应对和持续创新的能力,从而提升项目的成功率和市场竞争力。

9.2 需求分析与系统设计

在创新创业项目的设计过程中，需求分析与系统设计是确保项目实现用户期望及市场需求的关键步骤。

9.2.1 需求分析

需求分析是项目设计的前期工作，其重要性不言而喻。在需求分析阶段，应重点关注以下要素。

（1）收集用户需求。通过市场调研、用户访谈和发放需求问卷等方式，收集并理解用户对产品或服务的需求，保证收集的需求具有代表性，避免遗漏关键信息。

（2）功能需求定义。基于收集的用户需求，明确定义产品或服务的功能模块及特性。功能需求应该具体、可操作，并与产品的核心竞争力和市场定位一致。

（3）非功能需求分析。除功能需求外，还需要分析产品或服务的非功能需求，如性能、安全性、可靠性等。制定相应的测量标准和优先级，确保在后续设计和实施阶段有效衡量产品是否成功。

9.2.2 系统设计

在系统设计阶段，将需求分析的结果转化为可执行的设计方案，具体步骤如下。

（1）系统架构设计。设计项目的整体结构和模块化组织，以确保系统各部分协调运作。合理的系统架构设计能够使项目具有扩展性和可维护性。

（2）模块划分与接口设计。将系统功能分解为多个独立模块，设计模块之间的交互方式和数据流动。有效的模块划分与接口设计能够确保系统功能完整、一致。

（3）技术选型和实施策略。选择适合项目需求的技术方案和工具，制定详细的实施策略和时间安排。技术选型时，应考虑项目的长远发展和技术更新的可能性，以确保系统设计具备持续的竞争优势。

通过深入的需求分析和系统设计，创业团队能够有效地将市场需求和用户期望转化为可操作的产品或服务方案，从而提升项目的市场竞争力和用户满意度。

9.3 项目设计案例——企业人事管理系统

9.3.1 开发背景及需求分析

在不同行业领域，特别是服务行业、制造业和金融领域，人事管理系统的需求尤为突出。例如，服务行业需要有效地管理大量雇员的排班和绩效评估；制造业需要精准的员工考勤和生产线的人力资源配置；金融领域需要严格的权限控制和安全管理来保护敏感数据。

企业人事管理系统涉及多种技术，如数据库管理、前端与后端开发、安全技术等。C语言作为一种高效、灵活的编程语言，能够有效地支持系统的核心逻辑和算法实现。其因具有低层次的控制能力和强大的优化潜力而适用于开发具有较高性能和稳定性的企业级应用。人事管理系统的开发背景包括国家政策支持、社会需求增长、行业应用广泛以及先进技术的支持。

本项目的核心目标在于开发一款人事管理系统，其具有用户友好的界面、实用的功能和直观的操作流程，以满足用户的实际需求，实现高效、便捷的人事管理体验。该系统的主要功能包括但不限于输入和管理员工的基本资料，添加、修改和删除信息，以及按照不同条件快速、准确地查询数据。此外，该系统还应具备设置和管理新用户权限的功能。设计该系统时需特别考虑用户操作的便捷性和系统的直观性，使用户能够轻松上手并快速完成日常人事管理任务。该系统应具有直观的界面设计和明确的操作流程，使用户能够快速完成输入、查询、修改和删除等操作，从而有效支持人事部门的日常工作。

9.3.2 项目功能

1. 人事管理功能

输入员工信息：支持逐步输入员工的详细信息，包括工号、姓名、职位、性别、学历、工资和健康状况等，输入完毕后系统询问是否继续。

显示员工信息：以报表形式清晰地展示所有员工的基本信息。

修改员工信息：提供修改已输入员工信息的功能。

删除员工信息：在员工离职时删除其信息。

统计员工信息：可以按性别、学历、职位等条件统计员工信息。

2. 查询功能

人事管理系统具有通过姓名快速查询员工信息的功能。

3. 通讯录管理功能

输入通讯录信息：包括员工姓名、电话号码和电子邮件地址等。

查询通讯录信息：根据员工姓名查询通讯录中的完整信息。

修改通讯录信息：在员工信息变更时更新通讯录信息。

9.3.3 项目系统设计

1. 数据和数据结构

员工信息结构体定义如下。

```
struct Employee{
    char emp_id[20];
    char name[50];
    char position[50];
    char gender[10];
    char education[50];
    float salary;
```

```
    char health_status[50];
};
```

员工信息结构体用于存储所有员工的详细信息，包括工号、姓名、职位、性别、学历、工资和健康状况。

通讯录信息结构体定义如下。

```
struct Contact{
    char name[50];
    char phoneNumber[20];
    char email[50];
};
```

通讯录信息结构体用于存储所有员工的通讯录信息，包括姓名、电话号码和电子邮件地址。

2. 结构模块

图9-1所示为人事管理系统的结构模块。

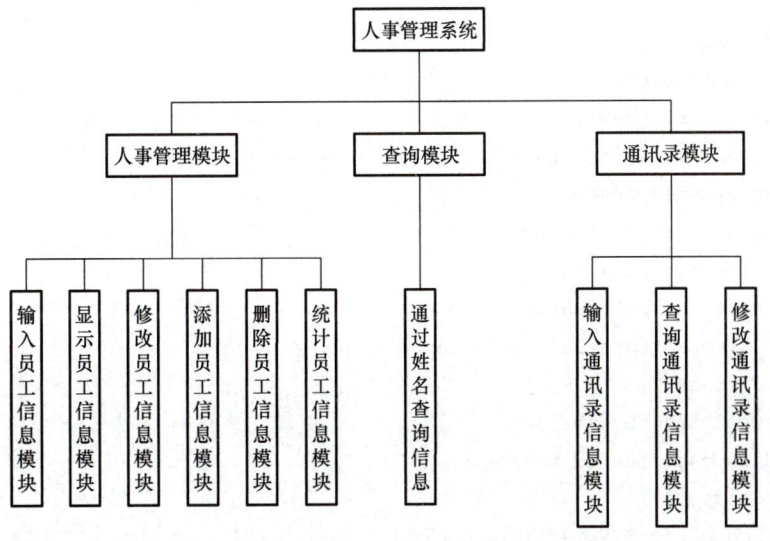

图9-1 人事管理系统的结构模块

9.3.4 项目实施方案

1. 主菜单

主菜单的程序代码如下。

```c
#include <stdio.h>
#include <stdlib.h>
#include <string.h>
struct Employee{
    char emp_id[20];
    char name[50];
    char position[50];
    char gender[10];
    char education[50];
    float salary;
    char health_status[50];
};
struct Employee employees[100];
int numEmployees=0;
struct Contact{
    char name[50];
    char phoneNumber[20];
    char email[50];
};
void manageEmployee();
void queryEmployee();
void contactEmployee();
void inputEmployeeDetails();
void displayEmployeeReport();
void modifyEmployeeDetails();
void deleteEmployee();
void statisticsEmployeeByCriteria();
void inputContactDetails(struct Contact *newContact);
void addContact();
void searchContactByName();
void modifyContactDetails();
void addContact();
void searchContactByName();
void modifyContactDetails();
void printAllContacts();
//主菜单函数
void main()
{
    int choice;
    do{
        printf("\n=====主菜单=====\n");
        printf("1. 人事管理\n");
```

```
            printf("2. 查询 \n");
            printf("3. 通讯录 \n");
            printf("4. 退出程序 \n");
            printf("请选择操作:");
            scanf("%d",&choice);
            switch(choice){
                case 1:
                    manageEmployee();
                    break;
                case 2:
                    queryEmployee();
                    break;
                case 3:
                    contactEmployee();
                    break;
                case 4:
                    printf("感谢使用,再见!\n");
                    exit(0);
                default:
                    printf("无效的选择,请重新输入.\n");
            }
        }while(1);
}
```

在上述程序代码中，使用全局变量 employees 和 numEmployees 分别存储所有员工信息和员工数量。全局变量简化了数据访问，但可能导致意外修改和复杂的程序依赖关系。在模块化设计中，应尽量减少使用全局变量，以增强程序的模块独立性和可维护性。

该程序采用了自顶向下、逐步细化的开发方法。首先编写了主函数和基本函数调用框架，然后逐步完善函数的具体实现和参数定义。通过在主函数中使用空函数作为占位符，有效避免了编译错误，保证了程序结构的正确性和完整性。

在开发过程中强调及时测试和调整每个功能模块，有助于在早期发现和解决问题，降低项目完成后大规模调试的风险和复杂性。通过迭代开发，确保每个模块都经过充分测试后集成到程序中，提高了程序代码的质量和稳定性。

2. 人事管理模块

人事管理模块的程序代码如下。

```
//人事菜单函数
void manageEmployee(){
    int choice;
    do{
        printf("\n = = = = = 人事管理 = = = = = \n");
```

```c
            printf("1. 输入员工信息\n");
            printf("2. 显示员工信息\n");
            printf("3. 修改员工信息\n");
            printf("4. 删除员工信息\n");
            printf("5. 统计员工信息\n");
            printf("6. 退出程序\n");
            printf("请选择操作:");
            scanf("%d",&choice);
            switch(choice){
                case 1:
                    inputEmployeeDetails();
                    break;
                case 2:
                    displayEmployeeReport();
                    break;
                case 3:
                    modifyEmployeeDetails();
                    break;
                case 4:
                    deleteEmployee();
                    break;
                case 5:
                    statisticsEmployeeByCriteria();
                    break;
                case 6:
                    printf("感谢使用,再见!\n");
                    exit(0);
                default:
                    printf("无效的选择,请重新输入.\n");
            }
        }while(1);
}
//输入员工信息函数
void inputEmployeeDetails(){
    printf("\n======输入员工信息======\n");
    printf("请输入工号:");
    scanf("%s",employees[numEmployees].emp_id);
    printf("请输入姓名:");
    scanf("%s",employees[numEmployees].name);
    printf("请输入职位:");
    scanf("%s",employees[numEmployees].position);
    printf("请输入性别:");
```

```c
        scanf("%s",employees[numEmployees].gender);
        printf("请输入学历:");
        scanf("%s",employees[numEmployees].education);
        printf("请输入工资:");
        scanf("%f",&employees[numEmployees].salary);
        printf("请输入健康状况:");
        scanf("%s",employees[numEmployees].health_status);
        numEmployees++;
        printf("员工信息输入成功!\n");
    }
    //显示员工信息函数
    void displayEmployeeReport(){
        printf("\n=====员工信息报表=====\n");
        int i=0;      //在while循环之前声明变量
        while(i<numEmployees){
            printf("工号:%s,姓名:%s,职位:%s,性别:%s,学历:%s,工资:%.2f,健康状况:%s\n",
    employees[i].emp_id,employees[i].name,employees[i].position,
    employees[i].gender,employees[i].education,employees[i].salary,employees[i]
.health_status);
            i++;
        }
        printf("========================\n");
    }
    //修改员工信息函数
    void modifyEmployeeDetails(){
        char emp_id[20];
        printf("\n=====修改员工信息=====\n");
        printf("请输入要修改信息的员工工号:");
        scanf("%s",emp_id);
        int i=0;
        while(i<numEmployees){
            if(strcmp(employees[i].emp_id,emp_id)==0){
                printf("请输入新的职位:");
                scanf("%s",employees[i].position);
                printf("请输入新的工资:");
                scanf("%f",&employees[i].salary);
                printf("员工信息修改成功!\n");
                return;
            }
            i++;
        }
        printf("未找到该员工!\n");
```

```c
}
//删除员工信息函数
void deleteEmployee(){
    char emp_id[20];
    printf("\n=====删除员工信息=====\n");
    printf("请输入要删除信息的员工工号:");
    scanf("%s",emp_id);
    int i=0;
    while(i<numEmployees&&strcmp(employees[i].emp_id,emp_id)!=0){
        i++;
    }
    if(i<numEmployees){
        int j=i;
        while(j<numEmployees-1){
            employees[j]=employees[j+1];
            j++;
        }
        numEmployees--;
        printf("员工信息删除成功!\n");
    }else{
        printf("未找到该员工!\n");
    }
}
//统计员工信息函数
void statisticsEmployeeByCriteria(){
    //在这里可以实现根据不同条件统计员工信息的功能
    printf("\n=====统计员工信息=====\n");
    printf("统计功能正在开发中...\n");
}
```

人事管理模块 manageEmployee() 通过循环结构显示人事管理菜单，并根据用户选择调用相应的功能函数，直到用户选择退出程序。模块中的 inputEmployeeDetails、displayEmployeeReport、modifyEmployeeDetails、deleteEmployee、statisticsEmployeeByCriteria 函数分别用于输入、显示、修改、删除和统计员工信息。例如，输入员工信息函数 inputEmployeeDetails 提示用户依次输入员工的信息，并将其存储到数组 employees 中，使用 numEmployees 记录当前员工数量。统计员工信息函数 statisticsEmployeeByCriteria 可以实现根据不同条件（如年龄、性别等）统计员工信息的功能，根据模块化逻辑开发即可，该模块可持续优化开发。

3. 查询模块

查询模块的程序代码如下。

```c
//查询系统
void queryEmployee();
void queryEmployee(){
    char name[50];
    printf("\n=====查询员工信息=====\n");
    printf("请输入要查询的员工姓名:");
    scanf("%s",name);
    int found=0;
    int i=0;
    while(i<numEmployees){
        if(strcmp(employees[i].name,name)==0){
            printf("工号:%s,姓名:%s,职位:%s,性别:%s,学历:%s,工资:%.2f,健康状况:%s\n",
            employees[i].emp_id,employees[i].name,employees[i].position,
            employees[i].gender,employees[i].education,employees[i].salary,
                employees[i].health_status);
            found=1;
        }
        i++;
    }
    if(!found){
        printf("未找到姓名为%s的员工.\n",name);
    }
}
```

查询系统使用 while 循环遍历 employees 数组，numEmployees 表示员工数量。在循环中，通过 strcmp 函数比较输入的姓名 name 和 employees[i].name 是否相等，以查找匹配的员工信息。使用 strcmp 函数比较字符串提高了代码的可读性和性能。如果找到匹配的员工信息，就将该员工的详细信息输出到控制台，然后将 found 置 1。如果循环结束后 found 仍为 0，就表示未找到匹配的员工信息。查询系统模块的程序代码结构清晰、逻辑简单、易于理解和维护，可以根据需要扩展功能。

4. 通讯录模块

通讯录模块的程序代码如下。

```c
#define MAX_CONTACTS 100
struct Contact addressBook[MAX_CONTACTS];
int numContacts=0;
void contactEmployee(){
    int choice;
    do{
        printf("\n通讯录操作菜单:\n");
        printf("1. 添加联系人\n");
```

```c
            printf("2.搜索联系人\n");
            printf("3.修改联系人信息\n");
            printf("4.显示所有联系人\n");
            printf("0.退出\n");
            printf("请选择操作:");
            scanf("%d",&choice);
            switch(choice){
                case 1:
                    addContact();
                    break;
                case 2:
                    searchContactByName();
                    break;
                case 3:
                    modifyContactDetails();
                    break;
                case 4:
                    printAllContacts();
                    break;
                case 0:
                    printf("程序已退出.\n");
                    break;
                default:
                    printf("无效的选择,请重新输入.\n");
            }
    }while(choice!=0);
}
//输入员工的通讯录信息
void inputContactDetails(struct Contact *newContact){
    printf("请输入姓名:");
    scanf("%[^\n]s",newContact->name);
    printf("请输入电话号码:");
    scanf("%[^\n]s",newContact->phoneNumber);
    printf("请输入电子邮箱地址:");
    scanf("%[^\n]s",newContact->email);
}
//将输入的通讯录信息添加到系统中
void addContact(){
    if(numContacts<MAX_CONTACTS){
        struct Contact newContact;
        inputContactDetails(&newContact);
        addressBook[numContacts++]=newContact;
```

```c
            printf("联系人已添加到通讯录中.\n");
        }else{
            printf("通讯录已满,无法添加更多联系人.\n");
        }
    }
    //根据员工姓名查询通讯录中的信息
    void searchContactByName(){
        char searchName[50];
        int i;
        int found=0;
        printf("请输入要搜索的姓名:");
        scanf("%[^\n]s",searchName);
        for(i=0;i<numContacts;++i){
            if(strcmp(addressBook[i].name,searchName)==0){
                printf("姓名:%s,电话:%s,邮箱:%s\n",addressBook[i].name,addressBook[i].phoneNumber,addressBook[i].email);
                found=1;
            }
        }
        if(!found){
            printf("未找到姓名为'%s'的联系人.\n",searchName);
        }
    }
    //在员工信息变更时更新通讯录信息
    void modifyContactDetails(){
        char modifyName[50];
        int i,found=0;
        printf("请输入要修改信息的联系人姓名:");
        scanf("%[^\n]s",modifyName);
        for(i=0;i<numContacts;++i){
            if(strcmp(addressBook[i].name,modifyName)==0){
                printf("当前信息:姓名:%s,电话号码:%s,电子邮箱地址:%s\n",addressBook[i].name,addressBook[i].phoneNumber,addressBook[i].email);
                printf("请输入新的电话号码:");
                scanf("%[^\n]s",addressBook[i].phoneNumber);
                printf("请输入新的电子邮箱地址:");
                scanf("%[^\n]s",addressBook[i].email);
                printf("联系人信息已更新.\n");
                found=1;
                break;
            }
        }
```

```c
        if(!found){
            printf("未找到姓名为'%s'的联系人,无法修改信息.\n",modifyName);
        }
    }
    //显示所有联系人
    void printAllContacts(){
        int i;
        if(numContacts = =0){
            printf("通讯录中没有任何联系人.\n");
        }else{
            printf("所有联系人信息:\n");
            for(i=0;i<numContacts;++i){
                printf("姓名:%s,电话号码:%s,电子邮箱地址:%s\n",addressBook[i].name,
addressBook[i].phoneNumber,addressBook[i].email);
            }
        }
    }
```

通讯录模块通过结构体数组存储联系人信息并提供完整的增删改查功能。程序定义了 Contact 结构体用于存储姓名、电话和邮箱字段，使用固定长度数组 addressBook 存储最多 100 条记录。主控制函数 contactEmployee() 通过循环显示操作菜单，根据用户输入调用相应功能模块。信息录入函数 inputContactDetails() 使用 scanf("%[^\n]s") 格式读取包含空格的字符串，确保完整获取用户输入。添加功能函数 addContact() 在检查容量后，将新联系人信息存入数组；搜索功能函数 searchContactByName() 遍历数组，查找匹配姓名并输出详情；修改功能函数 modifyContactDetails() 允许更新指定联系人的电话和邮箱；显示功能函数 printAllContacts() 按顺序展示所有记录。程序通过边界检查防止数组越界，使用状态标记确保操作提示准确，采用模块化设计实现通讯录数据输入、存储、查询的完整流程。

9.4 项目设计案例——个性化新闻推荐系统

9.4.1 项目背景

随着信息时代的发展，人们难以在大量新闻资讯中快速找到感兴趣的内容。本项目旨在开发一个个性化新闻推荐系统，利用动态数组存储和管理新闻数据，并根据用户的兴趣和行为进行个性化推荐。

9.4.2 项目功能

1. 新闻数据存储

使用动态数组存储新闻的标题、内容、来源、发布时间等信息。动态数组可以根据新闻数据的数量动态调整大小,避免浪费内存空间。使用结构体表示新闻,每个结构体都包含多个成员变量以存储新闻的不同属性。

2. 用户兴趣建模

通过用户的浏览历史、点赞、评论等行为建立用户兴趣模型。使用动态数组存储用户感兴趣的新闻主题、关键词等信息。例如,定义一个结构体表示用户兴趣,其中包含一个动态数组来存储关键词。

3. 新闻推荐算法

基于用户兴趣模型,使用推荐算法为用户推荐个性化新闻。可以使用协同过滤、内容推荐等算法对用户的兴趣和新闻的内容进行匹配。例如,可以遍历动态数组中的新闻,计算每条新闻与用户兴趣的匹配度,然后推荐匹配度较高的文章。

4. 用户界面

开发一个用户界面,用户可以浏览、点赞、评论、收藏新闻等。用户界面可以使用命令行界面或图形用户界面(graphical user interface,GUI)实现。用户界面可以展示推荐的新闻列表,并提供用户查看详细内容的链接。

9.4.3 项目系统设计

本项目的程序代码如下。

```c
#include <stdio.h>
#include <stdlib.h>
#include <string.h>
#include <time.h>
typedef struct{
    char title[100];
    char content[1000];
    char source[50];
    time_t publishTime;
}NewsArticle;
typedef struct{
    int numKeywords;
    char** keywords;    //** keywords 表示二级指针
}UserInterest;
//创建一条新的新闻
NewsArticle* createNewsArticle(const char * title,const char * content,const char * source){
    NewsArticle* article = (NewsArticle*)malloc(sizeof(NewsArticle));
    strcpy(article->title,title);
    strcpy(article->content,content);
    strcpy(article->source,source);
```

```c
    article->publishTime=time(NULL);
    return article;}
//释放新闻的内存
void freeNewsArticle(NewsArticle* article){
    free(article);}
//创建一个新的用户兴趣
UserInterest* createUserInterest(){
UserInterest* interest=(UserInterest*)malloc(sizeof(UserInterest));
    interest->numKeywords=0;
    interest->keywords=NULL;
    return interest;}
//为用户兴趣添加关键词
void addKeywordToUserInterest(UserInterest* interest,const char* keyword){
    interest->numKeywords++;
    interest->keywords=(char**)realloc(interest->keywords,interest->numKeywords*sizeof(char*));
    interest->keywords[interest->numKeywords-1]=strdup(keyword);}
//释放用户兴趣的内存
void freeUserInterest(UserInterest* interest){
int i;
    for(i=0;i<interest->numKeywords;i++){
        free(interest->keywords[i]);
    }
    free(interest->keywords);
    free(interest);}
//计算新闻与用户兴趣的匹配度
double calculateSimilarity(NewsArticle* article,UserInterest* interest){
    //可以使用更复杂的算法计算匹配度
double similarity=0.0;
int i;
    for(i=0;i<interest->numKeywords;i++){
        if(strstr(article->title,interest->keywords[i])!=NULL||strstr(article->content,interest->keywords[i])!=NULL){
            similarity++;
        }
    }
    return similarity/interest->numKeywords;}
int main(){
    //创建一些新闻
    NewsArticle* article1=createNewsArticle("Breaking News: New Technology Launched","A new technology has been launched that will revolutionize the industry.","Tech News");
```

```c
    NewsArticle* article2 = createNewsArticle("Sports Update:Team Wins Championship","The local sports team has won the championship. ","Sports News");
    NewsArticle* article3 = createNewsArticle("Entertainment News:Celebrity Interview","An exclusive interview with a popular celebrity. ","Entertainment News");
    //创建一个用户兴趣
    UserInterest* userInterest = createUserInterest();
    addKeywordToUserInterest(userInterest,"technology");
    addKeywordToUserInterest(userInterest,"news");
    //计算新闻与用户兴趣的匹配度
    double similarity1 = calculateSimilarity(article1,userInterest);
    double similarity2 = calculateSimilarity(article2,userInterest);
    double similarity3 = calculateSimilarity(article3,userInterest);
    //根据匹配度推荐新闻
    printf("Recommended News Articles:\n");
    if(similarity1 > similarity2 && similarity1 > similarity3){
        printf("%s\n",article1->title);
    }else if(similarity2 > similarity1 && similarity2 > similarity3){
        printf("%s\n",article2->title);
    }else{
        printf("%s\n",article3->title);
    }
    //释放内存
    freeNewsArticle(article1);
    freeNewsArticle(article2);
    freeNewsArticle(article3);
    freeUserInterest(userInterest);
    return 0;}
```

该项目实现了一个简单的新闻推荐系统，通过结构体定义和动态内存管理实现新闻与用户兴趣的匹配推荐。上述程序首先定义了 NewsArticle 结构体（用于存储新闻的标题、内容、来源和发布时间）及 UserInterest 结构体[用于管理用户感兴趣的关键词（通过二级指针 keywords 动态存储字符串）]。核心函数如下：createNewsArticle()用于动态创建新闻并初始化发布时间；createUserInterest()和 addKeywordToUserInterest()用于初始化用户兴趣并动态添加关键词（使用 realloc 调整数组大小，strdup 复制字符串）；calculateSimilarity()通过 strstr 检测新闻标题或内容是否包含用户关键词来计算匹配度；freeNewsArticle()和 freeUserInterest()负责释放动态分配的内存（后者需先释放每个关键词字符串，再释放二级指针和结构体本身）。在主函数中，程序创建三条不同主题的新闻和包含 technology、news 关键词的用户兴趣，计算每条新闻与用户兴趣的匹配度后，推荐匹配度最高的新闻。最后通过内存释放函数回收所有动态分配的资源，确保无内存泄漏。整个程序展示了动态内存管理、字符串处理和简单推荐算法的实现逻辑。

9.5 项目设计案例——智能物联网设备管理系统

9.5.1 项目背景

随着物联网技术的迅速发展,越来越多的设备被连接到网络中,需要一个高效的设备管理系统监测和控制这些设备。本项目旨在开发一个基于C语言的智能物联网设备管理系统,利用指针实现灵活的数据结构和高效的内存管理。

9.5.2 项目功能

1. 设备信息存储

使用结构体表示设备的信息,包括设备名称、类型、状态、连接参数等。利用指针创建动态的数据结构(如链表或二叉树),以存储多个设备的信息。可以根据设备数量动态调整内存分配,避免浪费内存空间。

2. 设备状态监测

智能物联网设备管理系统通过与设备通信,实时监测设备的状态,如在线状态、运行状态、故障状态等。使用指针传递设备信息和状态数据,以便在不同的函数之间高效地共享和处理数据。

3. 设备控制和命令发送

根据用户需求向设备发送控制命令,如启动、停止、调整参数等。使用指针指向设备的控制函数或命令队列,以快速执行控制操作。

4. 数据分析和报表生成

收集、分析并统计设备的运行数据,如温度、湿度、电量等。使用指针指向数据分析函数和报表生成函数,以根据不同的用户需求生成不同类型的报表和图表。

9.5.3 项目系统设计

本项目的程序代码如下。

```c
#include <stdio.h>
#include <stdlib.h>
#include <string.h>
//定义设备结构体
typedef struct{
    char name[50];
    char type[50];
    int status;
    void* connection_params;
}Device;
//定义链表节点结构体
```

```c
typedef struct Node{
    Device* device;
    struct Node* next;
    }Node;
//创建新设备
Device* createDevice(const char* name,const char* type){
    Device* device = (Device*)malloc(sizeof(Device));
    strcpy(device->name,name);
    strcpy(device->type,type);
    device->status=0;
    device->connection_params=NULL;
    return device;}
//向链表添加设备
void addDevice(Node** head,Device* device){
    Node* newNode = (Node *)malloc(sizeof(Node));
    newNode->device=device;
    newNode->next=*head;
    *head=newNode;}
//从链表中删除设备
void deleteDevice(Node** head,Device* device){
    Node* current=*head;
    Node* prev=NULL;
    while(current!=NULL){
        if(current->device==device){
            if(prev==NULL){
                *head=current->next;
            }else{
                prev->next=current->next;
            }
            free(current);
            return;
        }
        prev=current;
        current=current->next;
    }
}
//在链表中查找设备
Device* findDevice(Node* head,const char* name){
    Node* current=head;
    while(current!=NULL){
        if(strcmp(current->device->name,name)==0){
            return current->device;
```

```
        }
        current = current->next;
    }
    return NULL;}
//打印设备信息
void printDevice(Device* device){
    printf("Device Name: %s\n",device->name);
    printf("Device Type: %s\n",device->type);
    printf("Device Status: %d\n",device->status);}
int main()
{
    Node* head=NULL;}
    //创建设备
    Device* device1=createDevice("Device 1","Sensor");
    Device* device2=createDevice("Device 2","Actuator");
    Device* device3=createDevice("Device 3","Controller");
    //向链表添加设备
    addDevice(&head,device1);
    addDevice(&head,device2);
    addDevice(&head,device3);
    //查找设备并打印信息
    Device* foundDevice=findDevice(head,"Device 2");
    if(foundDevice!=NULL){
        printDevice(foundDevice);}
    //从链表中删除设备
    deleteDevice(&head,device1);
    //释放内存
    Node* current=head;
    while(current!=NULL){
        Node* next=current->next;
        free(current->device);
        free(current);
        current=next;
    }
    return 0;
}
```

以上程序代码展示了使用 C 语言中的指针实现智能物联网设备管理系统的方法。利用指针创建动态的数据结构，如链表、二叉树等，可以根据设备的数量和变化动态调整内存分配，提高系统的灵活性和可扩展性。合理使用指针，可以实现高效的内存管理，避免出现内存泄漏和碎片问题。例如，在动态分配内存时，及时释放不再使用的内存，以减少内存占用空间。使用函数指针和回调机制，可以实现灵活的控制和数据处理逻辑。例如，在设备状态变化时，可以调用特定的回调函数，而不需要在每个设备的监测函数中重复编写相同的代码。在智能物联网设备管理系统中，可能需要同时处理多个设备的通信和控制任务。使用指针和多线程技术可以实现并发处理，以提高系统的响应速度和性能。在实际创新项目中，可以根据具体需求优化该系统，为其添加更多功能。

9.6 项目设计案例——智能交通流量预测系统

9.6.1 项目背景

随着城市交通的不断发展，交通拥堵问题日益严重。为了提高交通效率，需要设计一个智能交通流量预测系统，它能够准确预测交通流量，为交通管理部门提供决策支持。

9.6.2 项目功能

1. 数据采集

从不同数据源（如传感器、摄像头、导航系统等）采集交通数据，如车流量、车速、道路占有率等。使用 C 语言的文件操作或网络编程功能，读取和解析数据文件或实时接收数据。

2. 数据预处理

对采集的数据进行清洗和预处理，去除噪声、异常值和错误数据。可以使用算法（如均值滤波、中值滤波等）对数据进行平滑处理，以提高数据质量。

3. 交通流量预测

采用合适的算法预测交通流量。例如，可以使用时间序列分析算法（如自回归差分移动平均模型、长短期记忆网络等），基于历史交通数据预测交通流量。在 C 语言中，可以实现这些算法的核心计算部分或者调用外部的数学库和机器学习库预测交通流量。

4. 结果可视化

以直观的方式（如图表等）向用户展示预测结果。可以使用 C 语言的图形库（如 OpenGL、SDL 等）或结合其他可视化工具实现结果的可视化。

9.6.3 项目系统设计

以下 C 语言程序代码展示使用时间序列分析法预测交通流量。

```c
#include <stdio.h>
#include <stdlib.h>
//预测交通流量
double arimaPredict(double* data,int n,int p,int d,int q){
//这里只是一个简单示例,实际的时间序列分析法更复杂
double prediction=0.0;
int i;
```

```c
for(i=0;i<n;i++){
    prediction+=data[i];
}
prediction/=n;
return prediction;}
int main()
{
    //模拟交通流量数据
    double trafficData[]={100,120,110,130,125,140,135,150,145,160};
    int n=sizeof(trafficData)/sizeof(trafficData[0]);
    //设置时间序列分析法参数
    int p=1;
    int d=1;
    int q=1;
    //预测交通流量
    double prediction=arimaPredict(trafficData,n,p,d,q);
    printf("Predicted traffic flow: %.2f\n",prediction);
    return 0;}
```

该项目简单演示了预测交通流量的过程。实际的智能交通流量预测系统更复杂，需要综合考虑多种因素，并使用更先进的算法和技术。智能交通流量预测系统能够通过实时采集和处理交通数据，实时预测交通流量，及时为交通管理部门提供决策支持。它能够整合多种数据源的交通数据，提高预测的准确性和可靠性。使用数据融合算法（如加权平均、卡尔曼滤波等）融合不同数据源的数据；根据用户的出行需求和喜好，为用户提供个性化的交通路线推荐；使用机器学习算法（如协同过滤、深度学习等）分析用户的历史出行数据，为用户推荐最优交通路线；还可以将交通流量预测结果与交通信号控制系统结合，实现智能交通控制，根据预测的交通流量，自动调整交通信号灯的时间，优化交通流量分配，提高交通效率。在创新项目中，可以根据具体需求优化该系统，提高其性能和实用性。

参考文献

明日科技, 2025. C语言项目开发全程实录[M]. 3版. 北京：清华大学出版社.
谭浩强, 2024. C程序设计[M]. 5版. 北京：清华大学出版社.

附录一

ISO/IEC 9899:1999 标准中的 37 个关键字如下。

(1) 数据类型关键字（12 个）：void、char、int、float、double、short、long、signed、unsigned、_Bool、_Complex、_Imaginary。

(2) 存储类别关键字（5 个）：auto、static、register、extern、const。

(3) 流程控制关键字（12 个）：return、continue、break、goto、if、else、switch、case、default、for、do、while。

(4) 结构体与联合体（4 个）：struct、union、enum、typedef。

(5) 其他关键字（4 个）：sizeof、volatile、restrict、inline。

附录二　AI 伴学内容及提示词

读者可以利用生成式人工智能（GenAI）工具（如 DeepSeek、Kimi、豆包、通义千问、文心一言、质谱清言、ChatGPT 等）检索下表中的 AI 提示词进行拓展学习。

序号	AI 伴学内容	AI 提示词
1	第 1 章　绪论	总结介绍 C 语言的产生背景
2		反驳"C 语言已过时"观点
3		完成 Visual Studio 2022 社区版的下载和安装，并选择正确的工作负载支持 C 语言开发
4		输入兴趣方向，生成 C 语言在该领域的核心作用图谱及推荐学习路径
5		模拟"机器思维"，解释编译错误和运行时的行为
6		分析 C 语言在智能硬件（如 IoT 设备）、区块链底层等领域的创业场景
7		输入"我想让两个数字互换"，生成带临时变量的交换代码，并用动画展示内存变化
8		对比使用 1980 年的 C 语言程序代码和 2023 年的 Python 代码输出"Hello World"，分析两者的性能差异
9	第 2 章　C 语言的数据类型与程序逻辑	当变量名不符合命名规则时编译出现的情况
10		用内存图解释 int 类型、float 类型、double 类型的存储差异
11		说明缺少分号会导致编译失败的原因
12		演示 char 类型与 ASCII 码的互转实验
13		用内存沙盘演示 int a = 5 的声明初始化全过程
14		设计实验验证 char 类型的符号性（signed/unsigned）
15		当执行 int x = 3.14 +'A' 时，分步解析隐式转换过程
16		处理警告：warning C4244:'=':从 double 转换到 float 可能丢失数据
17		用异或操作符实现变量交换
18		构建个人"类型转换规则速查表"的方法论
19		解释"−7/2"在不同编译器中的取整方向差异
20		对比"/"运算符在 int 类型与 float 类型操作数时的行为差异
21		使用调试器逐步执行观察逗号运算符的求值顺序
22		设计测试用例，验证逻辑运算符的短路特性

续表

序号	AI伴学内容	AI提示词
23	第2章 C语言的数据类型与程序逻辑	通过括号策略规避优先级误判问题的方法
24		比较位运算与算术运算的效率差异
25		演示浮点数累加误差的蝴蝶效应实验
26		出一套C语言中运算符使用技巧的客观测试题
27	第3章 C语言的流程控制与逻辑建模	用流程图演示 a = b;b = c;的变量值传递过程
28		诊断 printf("%d",3.14)输出乱码的根本原因
29		说明输入格式控制符和输出格式控制符的区别
30		对比 if - else 与 switch - case 的性能差异
31		检查运算符优先级陷阱 [如 if(a&1 = = 0)]
32		验证边界值处理（如 x >= 90 与 x > 89 的区别）
33		用真值表验证多重 if - else 的条件覆盖完整性
34		将 main 函数比喻为"程序心脏"，用动画展示血液（数据）流经循环结构
35		分析选择结构与循环结构的耦合风险
36		防御死循环的五层安全机制
37		处理浮点数循环控制变量的累积误差
38		用C语言构建"循环模式速查表"（如计数器、哨兵、标识位等）
39	第4章 函数与模块化开发	对比.h头文件声明与.c文件实现的工程意义
40		需要指定返回类型的原因
41		说明忘记声明函数原型的结果
42		用图示解释实参与形参的内存关系
43		假设需要向火星人解释函数概念，使用非技术语言创作一个包含参数传递、返回值的科幻小故事（300字内）
44		说明函数定义和变量定义的异同点（从命名规则、作用域等方面分析）
45		如果一个函数有多个参数，那么函数调用时参数的求值顺序在C语言中是否确定？查阅资料并通过代码测试总结你的发现
46		除了书中介绍的标准库函数，查阅文档，找出一个可以将字符串转换为整数的函数，并编写代码，使用该函数将用户输入的字符串转换为整数
47		通过斐波那契数列递归的重复计算进行递归调用树绘制与时间复杂度分析

续表

序号	AI 伴学内容	AI 提示词
48	第4章 函数与模块化开发	出 5 道函数原型补全和错误诊断的练习题
49		出 5 道根据函数行为推测原型的练习题
50		设计同名变量在不同作用域的冲突案例
51		假设需要开发一个多人在线游戏的服务器程序，其中涉及大量数据交互和数据处理。在该场景下，哪些数据适合定义为全局变量？哪些适合定义为局部变量？说明你的理由
52	第5章 数组与内存管理	绘制长度为 5 的整型数组内存布局图，标注每个元素的地址偏移量（假设首地址为 0x1000），解释数组下角标从 0 开始与内存寻址的关系
53		列举数组比独立变量更适合的应用场景
54		设计一个函数，用于计算一个整数数组中所有元素的乘积
55		设计"寻找数组最大值"的算法流程图，比较线性搜索与分治策略的效率差异，说明循环终止条件的设置依据
56		说明在函数中修改传递的数组会影响原始数据的原因，对比基本类型参数传递的差异，绘制函数调用栈的内存变化示意图
57		说明函数接收数组参数时不需要指定第一维大小的原因
58		描述动态数组从创建到释放的完整生命周期，列举三个常见内存管理错误场景（如忘记释放、重复释放等），并给出预防方案
59		在一个存储图书信息（如书名、作者、价格等）的数组中，若要根据书名搜索某本特定图书，则应选择哪种搜索方法？说明原因
60		在 C 语言中，数组作为参数传递是值传递还是地址传递？通过实验验证你的结论，并解释原因
61		动态数组与传统数组在内存分配上的区别
62		设计一个实验数据采集程序，用固定大小的数组存储传感器读数
63		用三维数组建模城市交通（维度：时间片×路口×方向），说明通过数组索引快速定位高峰时段拥堵路口的方法
64	第6章 指针	某同学同时声明 int* p1,p2;，认为 p1 和 p2 都是指针变量。解释上述声明语句中 * 符号的绑定规则，用变量类型分解法说明 p2 的实际类型
65		说明当指针类型与指向的数据类型不匹配时，在编译和运行阶段可能会出现的问题
66		说明 NULL 指针、野指针、未初始化指针的差异

续表

序号	AI 伴学内容	AI 提示词
67	第 6 章 指针	对比数组名与指针变量的内存属性表（可修改性、sizeof 结果、取地址意义）
68		说明使用指针遍历数组时保证不会发生指针越界的方法
69		区分 int ＊＊pp、int ＊ p [ ]、int(＊p)[ ]的类型含义
70		总结指针数组和数组指针在语法及使用上的明显区别
71		函数指针在实际应用中有很多优势，但易出错，总结常见错误
72		说明当程序出现指针相关的错误时快速定位和解决问题的方法，列举常见的排查步骤和方法
73		声明一个指向"返回 int 且接收两个 float 参数"的函数的指针的方法
74		用函数指针实现"根据不同操作调用不同处理函数"的设计模式
75		如果没有指针，C 语言的哪些功能无法实现？从内存管理和数据结构角度分析
76		出 5 道指针相关概念的易混淆点辨析的练习题
77		出 5 道指针应用错误排查的练习题
78	第 7 章 结构体与复杂数据结构	与基本数据类型相比，结构体解决的问题
79		说明用结构体描述现实中复合实体（如学生信息）的方法，并列举关键成员类型
80		说明结构体数组与普通数组的核心区别、结构体数组适用的场景
81		说明枚举类型与#define 定义的宏常量相比的优势，举例说明
82		举例枚举类型的应用场景
83		共用体与结构体内存分配方式的根本区别和适用场景
84		在嵌入式开发中，共用体高效访问硬件寄存器的方法
85		如果没有结构体，C 语言如何实现复杂数据结构？试描述替代方案的局限性
86		在传感器数据采集场景中，设计用共用体处理不同类型的数据
87		结构体数组在数据量动态变化时的缺陷，链表更适合此场景的原因
88		用结构体描述一个可变长度的物联网传感器数据包，设计动态成员结构的方法
89		针对 GPU 并行计算特性，重构结构体内存对齐方式以提升计算效率的方法
90		设计智能家居控制系统，用结构体描述设备状态（温度、湿度、开关），并用枚举实现工作模式（节能/离家/睡眠）的互斥约束

续表

序号	AI伴学内容	AI提示词
91	第8章 算法	整理100本书，说明插入排序比快速排序快的原因
92		利用位运算优化质数判断算法
93		玩迷宫游戏时，右手扶墙走到底策略对应的搜索算法
94		超市货架商品乱序摆放，设计最优路径查找策略
95		设计电商平台的智能推荐系统时，阐述用快速排序实现实时更新的商品热度排名的方法，若需兼顾用户偏好多样性，则选择哪种排序策略
96		设计无人机物流配送项目，讨论用动态规划算法计算实现多目标点最优路径，同时考虑电池续航与载重限制
97		设计智能垃圾分类机器人，用贪心算法优化识别优先级
98		设计光伏电站运维系统，通过局部最优选择实现清洁机器人路径规划的能耗最小化
99		设计智能招聘系统，通过插值查找算法动态调整候选人筛选范围，提升匹配精度
100	第9章 创新创业流程实践	观察校园及生活中可以通过 C 语言解决的效率问题
101		现有工具在哪些场景下存在性能瓶颈？如何用 C 语言优化？
102		需要实时处理大规模数据时 C 语言的优势和挑战
103		结合硬件（如传感器）与 C 语言开发创新功能的方法
104		讨论项目商业化的非技术因素
105		用 Python 实现相同功能时，C 语言方案的优势
106		考虑 C 语言项目如何解决某个社会痛点（如环保、老龄化、教育资源不均）以及量化社会影响
107		分析用 C 语言驱动树莓派传感器，实现环境数据的实时采集与分析的案例